★ 마법처럼 술술 풀리는 단계별 연산 교재 ★

이젠 연산왕

연산에서 문장제까지
한 권으로 끝내기

수학의 기초는 이젠 연산왕으로 충분해요

- 유아부터 초등까지 단계별 완벽마스터

P1 P2 P3 A B C

학습 관리가 편해요

- 5일 동안, 하루 3쪽 분량으로 매일 체크 가능
- 주별 반복 학습 문제 제공

지루할 틈이 없어요

- 친숙한 생활 소재들의 시각화 연산
- 칭찬 스티커로 학습 동기 부여

KB025356

자세한 단계 진도 연산
이젠 연산왕

빠른 학기 드릴 연산
쌍둥이 연산노트

재미있는 만화수학교과서
이젠 꼭 필요한 초등수학

낱권 8,000원 | 세트 48,000원

우리 만나요!!

도서 관련 질문도
학습 고민도
다양한 소식도
인스타그램에서
만날 수 있어요.

이젠교육
EZEN EDUCATION

시작하면 끝까지 보는

이젠 꼭 필요한 초등수학 시리즈

초등 1학년 | 초등 2학년 | 초등 3학년 | 초등 4학년

의 책이에요!

제 품 명: 4학년에게 꼭 필요한 분수와 소수
제조자명: 이젠교육
제조국명: 대한민국
제조년월: 판권에 별도 표기
사용학년: 8세 이상
※ KC마크는 이 제품이 공통안전기준에 적합하였음을 의미합니다.

값 16,000원 (2권 세트)
ISBN 979-11-90880-72-5

이젠수학연구소 지음

새 교과서 반영

4학년에게 꼭 필요한

분수와 소수

수학 익힘책

이젠교육
EZEN EDUCATION

이젠수학연구소 지음
이젠수학연구소는 유아에서 초중고까지 학생들이 수학의 바른길을 찾아낼 수 있도록 수학 학습법을 연구하는 이젠교육의 수학 연구소입니다. 수학 실력은 하루아침에 완성되지 않으며, 다양한 경험을 통해 발달합니다. 그길에 친구가 되고자 노력합니다.

4학년에게 꼭 필요한 분수와 소수 (수학 익힘책)

초판 1쇄 발행 | 2022년 1월 10일

지 은 이 이젠수학연구소
펴 낸 이 임요병
펴 낸 곳 ㈜이젠교육
출판등록 제 2020-000073호
주 소 서울시 영등포구 양평로 22길 21 코오롱디지털타워 404호
전 화 (02)324-1600
팩 스 (031)941-9611
인스타그램 @ezeneducation
블 로 그 http://blog.naver.com/ezeneducation

@이젠교육
ISBN 979-11-90880-72-5

4학년에게 꼭 필요한

분수와 소수

수학 익힘책

구성과 특징

- **4학년에게 꼭 필요한 수학 익힘책**

수학 교육 트랜드에 맞게 수학 교육과정을 영역별 중요 단원으로 모아 계통 학습이 가능한 혼공 시대에 꼭 필요한 수학 테마 학습법입니다.

주제별 4쪽 기초 학력 강화!

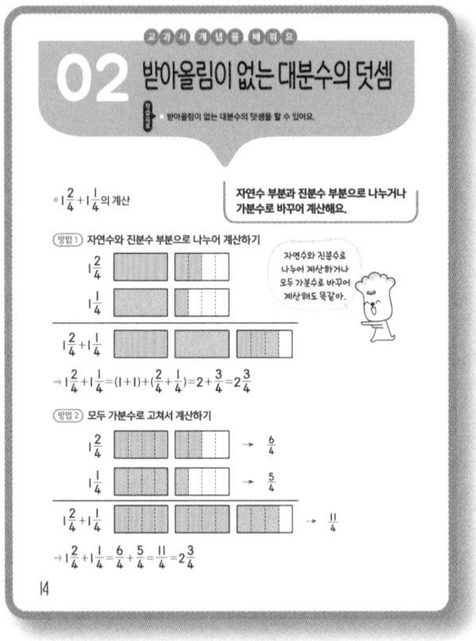

1 개념을 배워요

키워드 개념 학습으로 그림과 구조화된 개념 설명을 캐릭터를 이용하여 재미있게 이해하는 습관을 길러요!

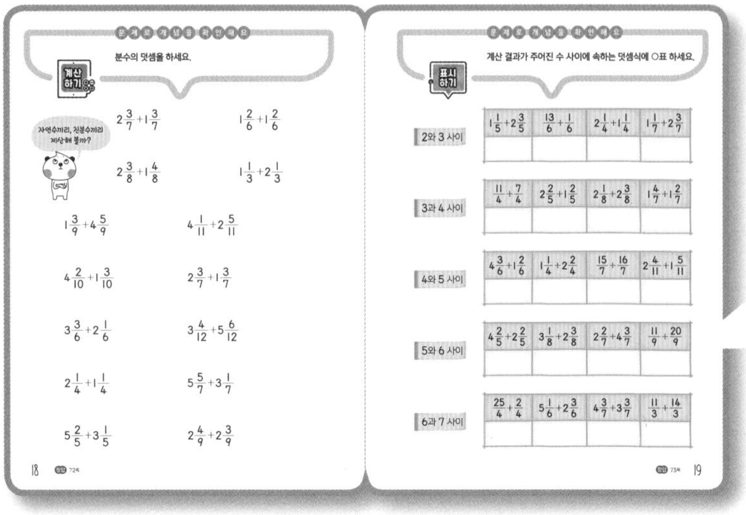

2 문제로 개념을 확인해요

다양한 활동 학습으로 정확하고 빠르게 푸는 습관을 길러요!

단원별 기초 문장제, 마무리 정리 학습!

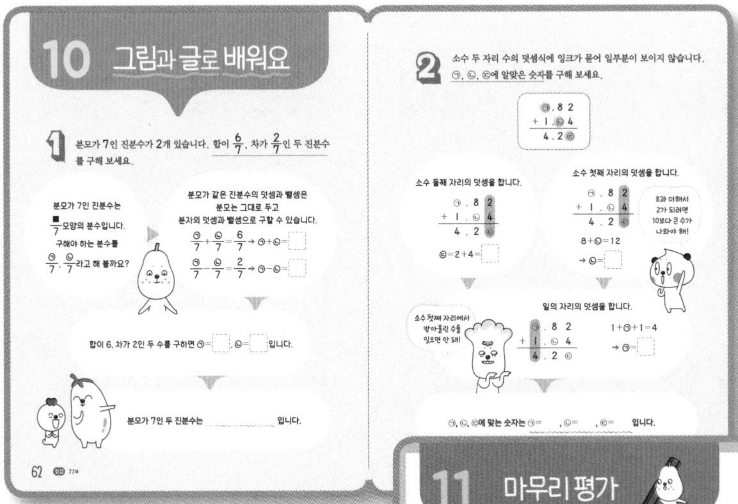

3

그림과 글로 배워요

그림을 이용한 문장제로 사고를 통해 해결하는 습관을 길러요!

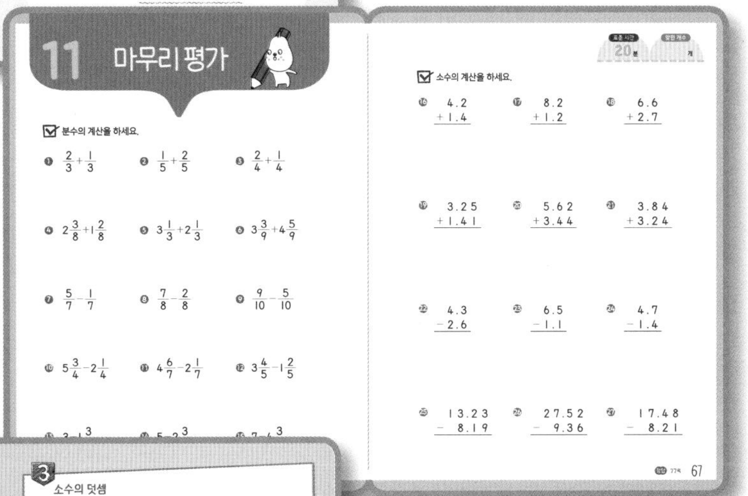

4

마무리 평가

자신의 학업 성취도를 평가해요!

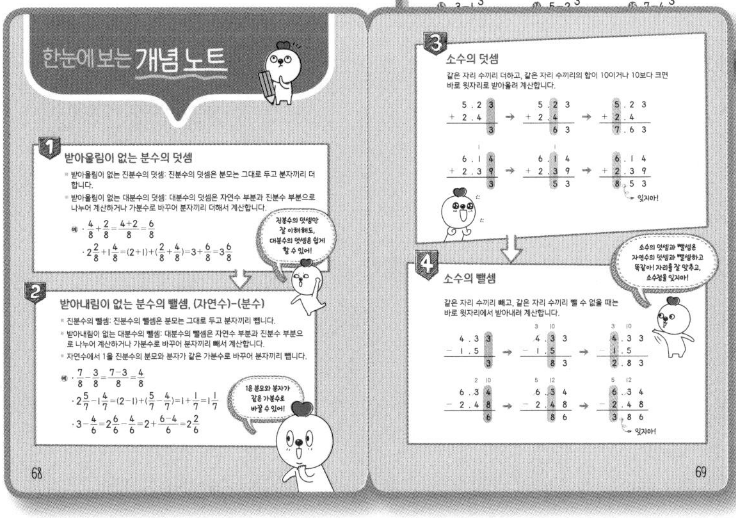

5

한눈에 보는 개념 노트

계통별로 핵심 개념을 정리해요!

차례

4학년에게 꼭 필요한
분수와 소수

1. 분수와 소수의 덧셈과 뺄셈

구분	단원명	내용
4학년 2학기	분수의 덧셈과 뺄셈	• 진분수끼리의 합과 차를 구하는 원리와 형식을 이해하고 계산할 수 있습니다. • 대분수끼리의 합과 차를 구하는 원리와 형식을 이해하고 계산할 수 있습니다. • (자연수)-(분수)의 계산 원리와 형식을 이해하고 계산할 수 있습니다.

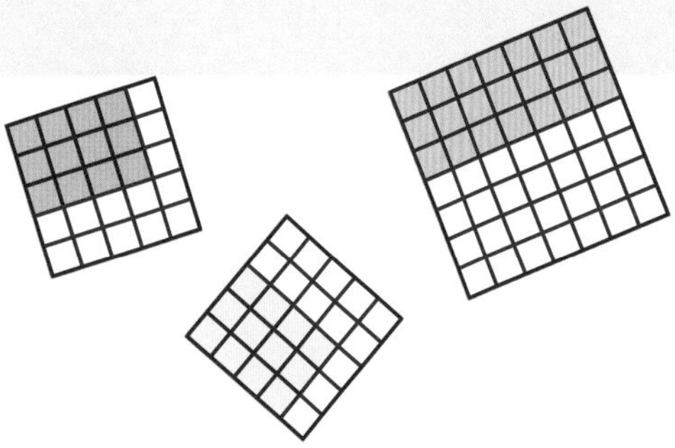

구분	단원명	내용
4학년 2학기	소수의 덧셈과 뺄셈	• 소수 한 자리 수와 소수 두 자리 수, 1보다 큰 소수 두 자리 수 범위의 덧셈 계산 원리를 이해하고 계산할 수 있습니다. • 소수 한 자리 수와 소수 두 자리 수, 1보다 큰 소수 두 자리 수 범위의 뺄셈 계산 원리를 이해하고 계산할 수 있습니다.

1. 분수와 소수의 덧셈과 뺄셈

지도 가이드

분수의 덧셈과 뺄셈 4학년 2학기

1. 받아올림이 없는 진분수, 대분수의 덧셈을 할 수 있습니다.
2. 받아내림이 없는 진분수, 대분수, 자연수와 분수의 뺄셈을 할 수 있습니다.

소수의 덧셈과 뺄셈 4학년 2학기

1. 소수 한 자리 수, 소수 두 자리 수의 덧셈을 할 수 있습니다.
2. 소수 한 자리 수, 소수 두 자리 수의 뺄셈을 할 수 있습니다.

학습 계획표

번호	쪽수	공부한 날	성취도
01	8~13쪽	월 일	☺ 😐 ☹
02	14~19쪽	월 일	☺ 😐 ☹
03	20~25쪽	월 일	☺ 😐 ☹
04	26~31쪽	월 일	☺ 😐 ☹
05	32~37쪽	월 일	☺ 😐 ☹
06	38~43쪽	월 일	☺ 😐 ☹
07	44~49쪽	월 일	☺ 😐 ☹
08	50~55쪽	월 일	☺ 😐 ☹
09	56~61쪽	월 일	☺ 😐 ☹
10	62~65쪽	월 일	☺ 😐 ☹
11	66~67쪽	월 일	☺ 😐 ☹

01 받아올림이 없는 진분수의 덧셈

학습목표 ● 받아올림이 없는 진분수의 덧셈을 할 수 있어요.

진분수의 덧셈은 분모는 그대로 두고 분자끼리 더해요.

■ $\frac{2}{5}+\frac{1}{5}$의 계산

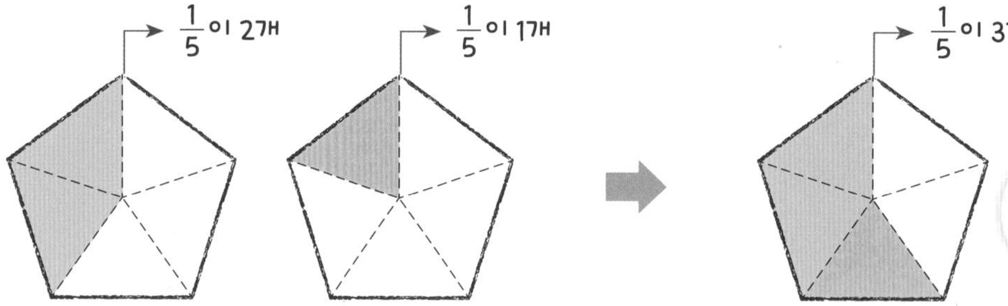

$\frac{2}{5}$는 $\frac{1}{5}$이 2개, $\frac{1}{5}$은 $\frac{1}{5}$이 1개이므로 $\frac{2}{5}+\frac{1}{5}$은 $\frac{1}{5}$이 $2+1=3$(개)입니다.

→ $\frac{2}{5}+\frac{1}{5}=\frac{2+1}{5}=\frac{3}{5}$

└→ 분모는 그대로 쓰고 분자끼리 더합니다.

개념문제 $\frac{4}{8}+\frac{2}{8}$를 수직선에 나타내고, 계산해 보세요.

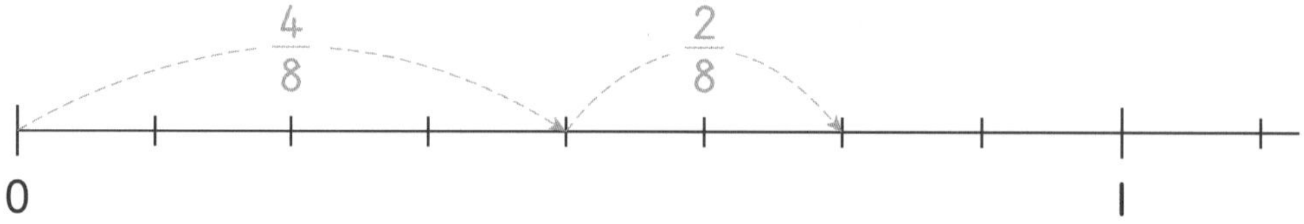

$$\frac{4}{8}+\frac{2}{8}=\frac{\boxed{4}+\boxed{2}}{8}=\frac{\boxed{6}}{8}$$

문제로 개념을 확인해요

쓰기

그림으로 나타내어 진분수의 합을 구하세요.

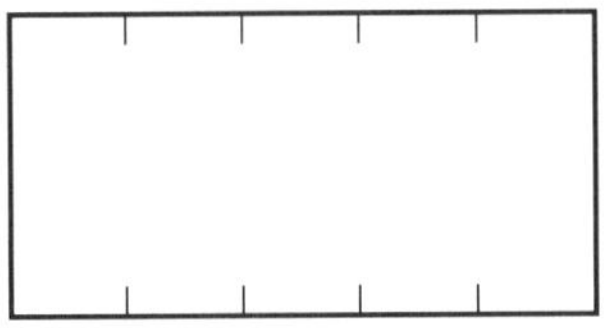

$\frac{2}{5}+\frac{2}{5}=$ ☐

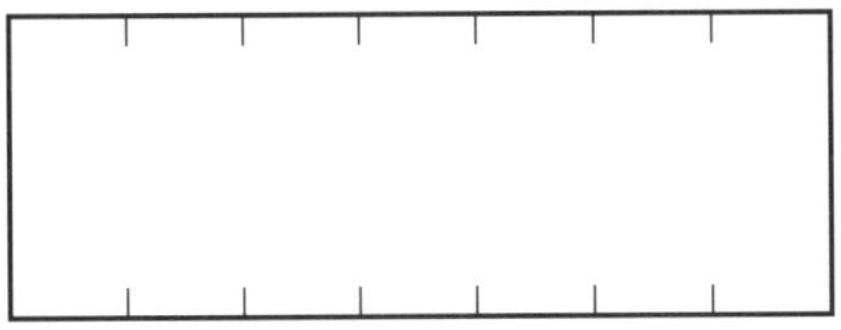

$\frac{4}{7}+\frac{2}{7}=$ ☐

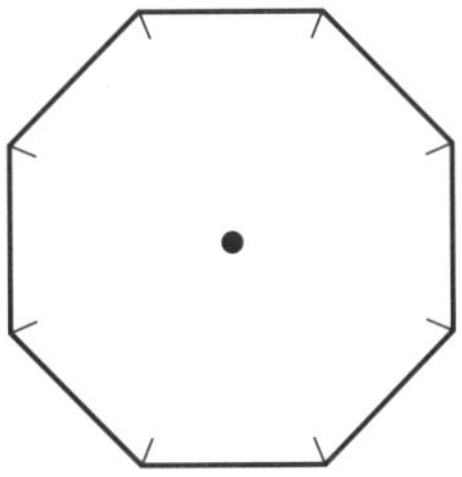

$\frac{1}{8}+\frac{5}{8}=$ ☐

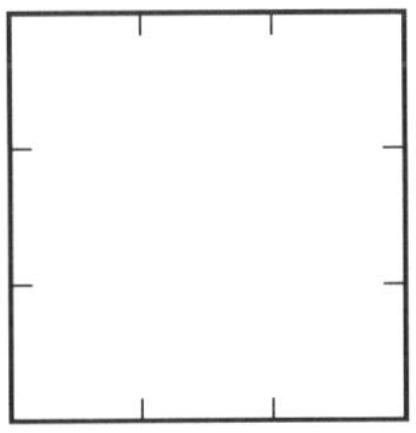

$\frac{3}{9}+\frac{4}{9}=$ ☐

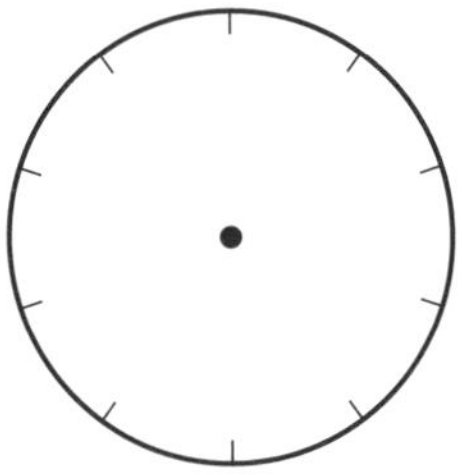

$\frac{6}{10}+\frac{3}{10}=$ ☐

문제로 개념을 확인해요

색칠하기

수직선을 이용하여 진분수의 합을 구하세요.

$$\frac{2}{6}+\frac{3}{6}=\frac{\square+\square}{6}=\frac{\square}{6}$$

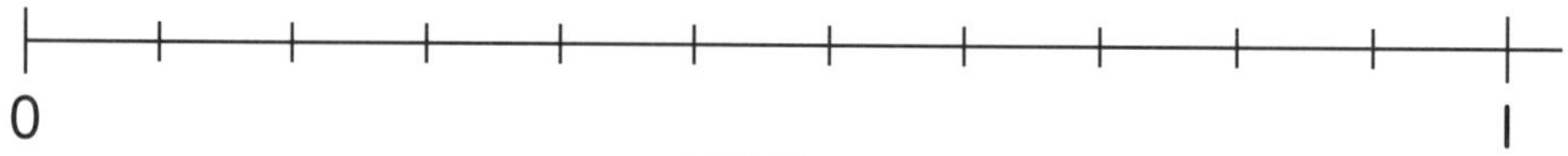

$$\frac{6}{11}+\frac{2}{11}=\frac{\square+\square}{11}=\frac{\square}{11}$$

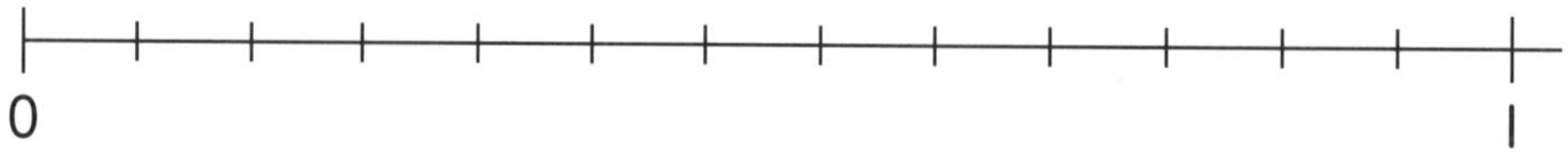

$$\frac{5}{13}+\frac{5}{13}=\frac{\square+\square}{13}=\frac{\square}{13}$$

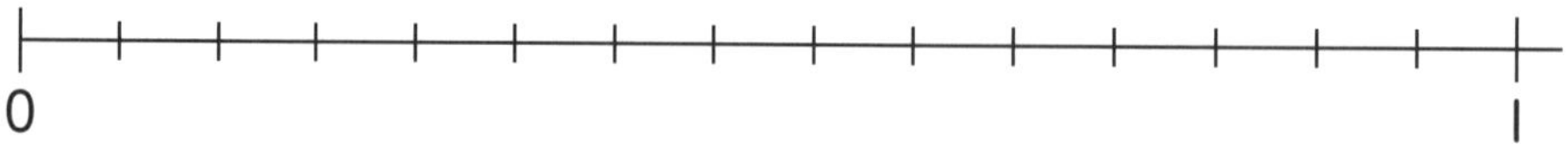

$$\frac{7}{15}+\frac{4}{15}=\frac{\square+\square}{15}=\frac{\square}{15}$$

정답 72쪽

문제로 개념을 확인해요

쓰기

□ 안에 알맞은 수를 써넣으세요.

$\frac{3}{12}$은 $\frac{1}{12}$이 □개, $\frac{7}{12}$은 $\frac{1}{12}$이 □개이므로

$\frac{3}{12}+\frac{7}{12}$은 $\frac{1}{12}$이 모두 □개입니다.

$\rightarrow \frac{3}{12}+\frac{7}{12}=\frac{\square+\square}{12}=\frac{\square}{12}$

$\frac{8}{17}$은 $\frac{1}{17}$이 □개, $\frac{6}{17}$은 $\frac{1}{17}$이 □개이므로

$\frac{8}{17}+\frac{6}{17}$은 $\frac{1}{17}$이 모두 □개입니다.

$\rightarrow \frac{8}{17}+\frac{6}{17}=\frac{\square+\square}{17}=\frac{\square}{17}$

$\frac{9}{20}$는 $\frac{1}{20}$이 □개, $\frac{10}{20}$은 $\frac{1}{20}$이 □개이므로

$\frac{9}{20}+\frac{10}{20}$은 $\frac{1}{20}$이 모두 □개입니다.

$\rightarrow \frac{9}{20}+\frac{10}{20}=\frac{\square+\square}{20}=\frac{\square}{20}$

정답 72쪽

문제로 개념을 확인해요

계산하기

진분수의 덧셈을 하세요.

$\frac{1}{3}+\frac{1}{3}=\square$

$\frac{2}{4}+\frac{1}{4}=\square$

$\frac{2}{5}+\frac{2}{5}=\square$

$\frac{3}{6}+\frac{2}{6}=\square$

$\frac{3}{7}+\frac{3}{7}=\square$

$\frac{2}{8}+\frac{3}{8}=\square$

$\frac{4}{9}+\frac{4}{9}=\square$

$\frac{6}{10}+\frac{3}{10}=\square$

$\frac{3}{11}+\frac{5}{11}=\square$

$\frac{2}{12}+\frac{8}{12}=\square$

정답 72쪽

문제로 개념을 확인해요

선 잇기

같은 수끼리 선으로 이어 보세요.

$\frac{3}{11}+\frac{6}{11}$ •	• $\frac{9}{11}$
$\frac{2}{8}+\frac{4}{8}$ •	• $\frac{7}{11}$
$\frac{5}{11}+\frac{2}{11}$ •	• $\frac{6}{8}$
$\frac{3}{8}+\frac{2}{8}$ •	• $\frac{9}{20}$
$\frac{7}{20}+\frac{2}{20}$ •	• $\frac{11}{20}$
$\frac{8}{20}+\frac{3}{20}$ •	• $\frac{5}{8}$

정답 72쪽

교과서 개념을 배워요

02 받아올림이 없는 대분수의 덧셈

학습목표 ● 받아올림이 없는 대분수의 덧셈을 할 수 있어요.

■ $1\frac{2}{4}+1\frac{1}{4}$의 계산

자연수 부분과 진분수 부분으로 나누거나 가분수로 바꾸어 계산해요.

(방법 1) 자연수와 진분수 부분으로 나누어 계산하기

$1\frac{2}{4}$

$1\frac{1}{4}$

$1\frac{2}{4}+1\frac{1}{4}$

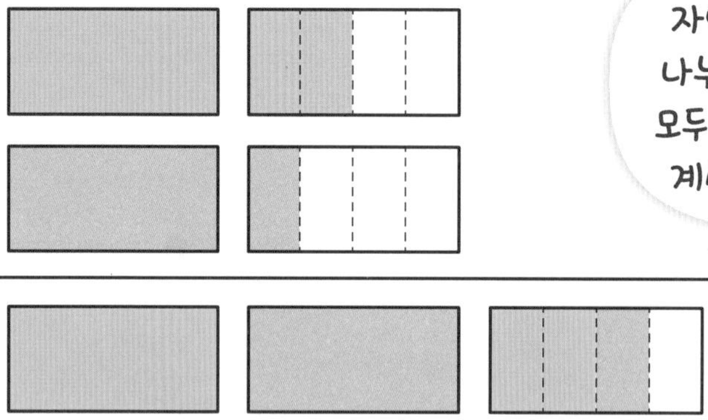

→ $1\frac{2}{4}+1\frac{1}{4}=(1+1)+(\frac{2}{4}+\frac{1}{4})=2+\frac{3}{4}=2\frac{3}{4}$

(방법 2) 모두 가분수로 고쳐서 계산하기

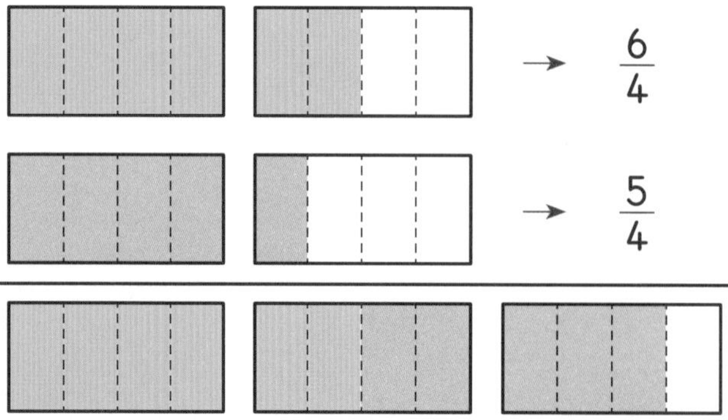

$1\frac{2}{4}$ → $\frac{6}{4}$

$1\frac{1}{4}$ → $\frac{5}{4}$

$1\frac{2}{4}+1\frac{1}{4}$ → $\frac{11}{4}$

→ $1\frac{2}{4}+1\frac{1}{4}=\frac{6}{4}+\frac{5}{4}=\frac{11}{4}=2\frac{3}{4}$

문제로 개념을 확인해요

쓰기

그림을 보고 대분수의 합을 구하세요.

$1\frac{2}{4}$

$2\frac{1}{4}$

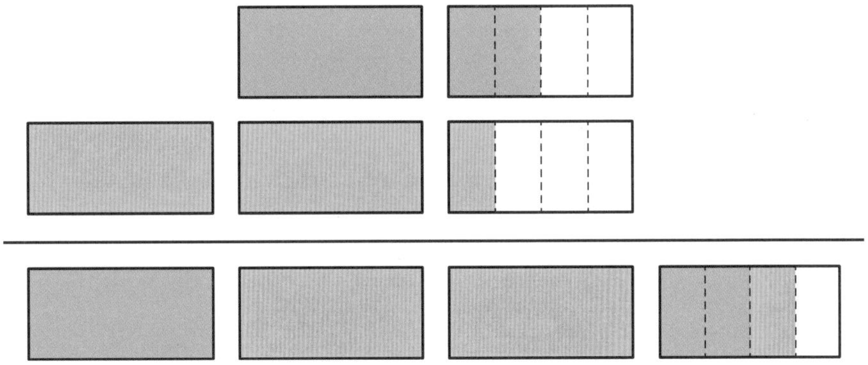

$$1\frac{2}{4}+2\frac{1}{4}=(\square+\square)+(\frac{\square}{4}+\frac{\square}{4})=\square+\frac{\square}{4}=\square\frac{\square}{4}$$

$2\frac{3}{5}$

$2\frac{1}{5}$

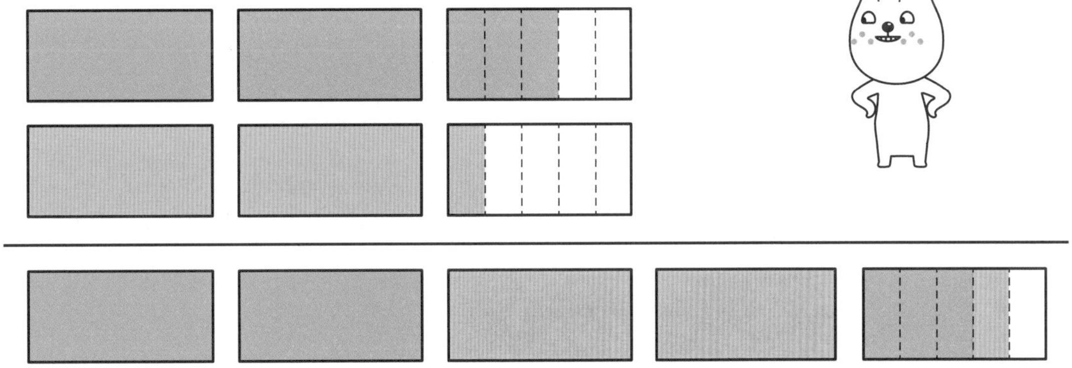

$$2\frac{3}{5}+2\frac{1}{5}=(\square+\square)+(\frac{\square}{5}+\frac{\square}{5})=\square+\frac{\square}{5}=\square\frac{\square}{5}$$

정답 72쪽

문제로 개념을 확인해요

쓰기

수직선을 이용하여 대분수의 합을 구하세요.

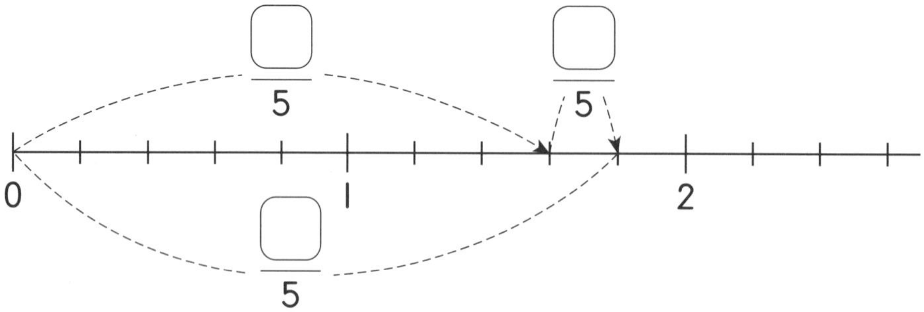

$$1\frac{3}{5}+\frac{1}{5}=\left(\frac{\square}{5}+\frac{\square}{5}\right)=\frac{\square+\square}{5}=\frac{\square}{5}=\square\frac{\square}{5}$$

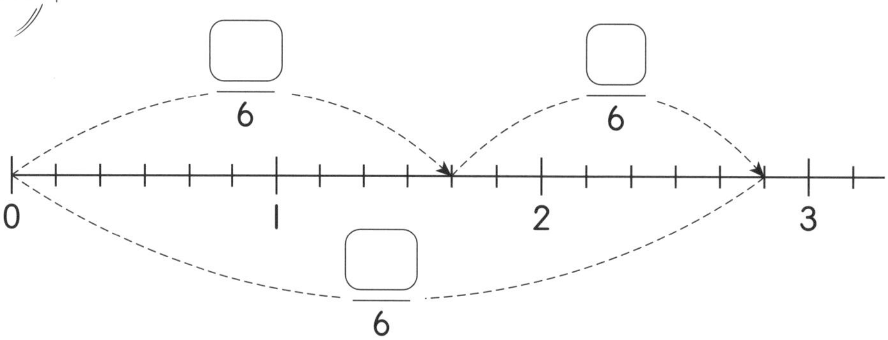

$$1\frac{4}{6}+1\frac{1}{6}=\left(\frac{\square}{6}+\frac{\square}{6}\right)=\frac{\square+\square}{6}=\frac{\square}{6}=\square\frac{\square}{6}$$

 정답 72쪽

문제로 개념을 확인해요

쓰기

수직선을 이용하여 대분수의 합을 구하세요.

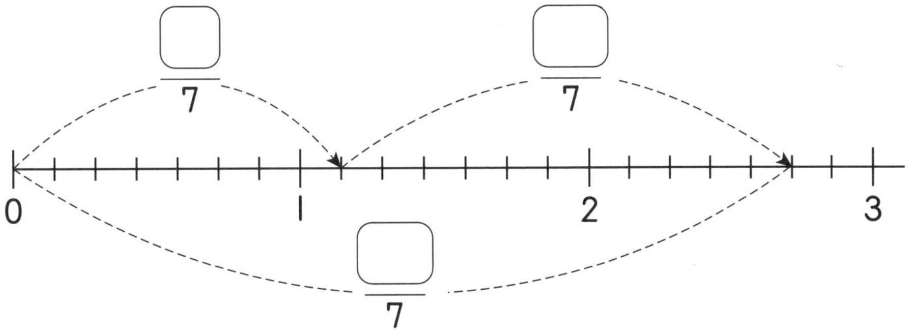

$$1\frac{1}{7}+1\frac{4}{7}=\left(\frac{\square}{7}+\frac{\square}{7}\right)=\frac{\square+\square}{7}=\frac{\square}{7}=\square\frac{\square}{7}$$

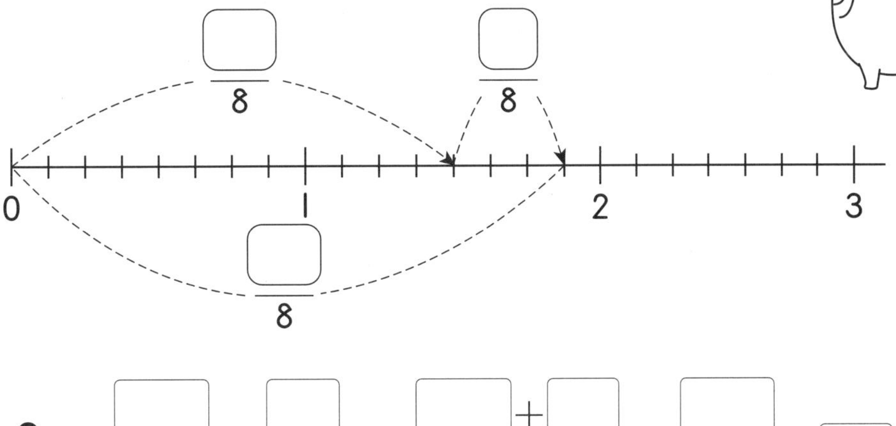

$$1\frac{4}{8}+\frac{3}{8}=\left(\frac{\square}{8}+\frac{\square}{8}\right)=\frac{\square+\square}{8}=\frac{\square}{8}=\square\frac{\square}{8}$$

문제로 개념을 확인해요

계산하기

분수의 덧셈을 하세요.

$2\frac{3}{7}+1\frac{3}{7}$

$1\frac{2}{6}+1\frac{2}{6}$

$2\frac{3}{8}+1\frac{4}{8}$

$1\frac{1}{3}+2\frac{1}{3}$

$1\frac{3}{9}+4\frac{5}{9}$

$4\frac{1}{11}+2\frac{5}{11}$

$4\frac{2}{10}+1\frac{3}{10}$

$2\frac{3}{7}+1\frac{3}{7}$

$3\frac{3}{6}+2\frac{1}{6}$

$3\frac{4}{12}+5\frac{6}{12}$

$2\frac{1}{4}+1\frac{1}{4}$

$5\frac{5}{7}+3\frac{1}{7}$

$5\frac{2}{5}+3\frac{1}{5}$

$2\frac{4}{9}+2\frac{3}{9}$

문제로 개념을 확인해요

표시하기

계산 결과가 주어진 수 사이에 속하는 덧셈식에 ○표 하세요.

2와 3 사이	$1\frac{1}{5}+2\frac{3}{5}$	$\frac{13}{6}+\frac{1}{6}$	$2\frac{1}{4}+1\frac{1}{4}$	$1\frac{1}{7}+2\frac{3}{7}$

3과 4 사이	$\frac{11}{4}+\frac{7}{4}$	$2\frac{2}{5}+1\frac{2}{5}$	$2\frac{1}{8}+2\frac{3}{8}$	$1\frac{4}{7}+1\frac{2}{7}$

4와 5 사이	$4\frac{3}{6}+1\frac{2}{6}$	$1\frac{1}{4}+2\frac{2}{4}$	$\frac{15}{7}+\frac{16}{7}$	$2\frac{4}{11}+1\frac{5}{11}$

5와 6 사이	$4\frac{2}{5}+2\frac{2}{5}$	$3\frac{1}{8}+2\frac{3}{8}$	$2\frac{2}{7}+4\frac{3}{7}$	$\frac{11}{9}+\frac{20}{9}$

6과 7 사이	$\frac{25}{4}+\frac{2}{4}$	$5\frac{1}{6}+2\frac{3}{6}$	$4\frac{3}{7}+3\frac{3}{7}$	$\frac{11}{3}+\frac{14}{3}$

정답 73쪽

교과서 개념을 배워요

03 진분수의 뺄셈

학습목표 ▸ ● 진분수의 뺄셈을 할 수 있어요.

진분수의 뺄셈은 분모는 그대로 두고 분자끼리 빼요.

■ $\frac{4}{5}-\frac{2}{5}$의 계산

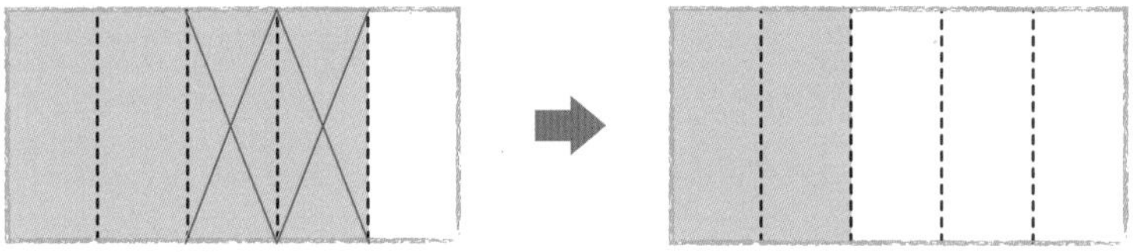

$\frac{4}{5}$는 $\frac{1}{5}$이 4개, $\frac{2}{5}$는 $\frac{1}{5}$이 2개이므로 $\frac{4}{5}-\frac{2}{5}$는 $\frac{1}{5}$이 $4-2=2$(개)입니다.

→ $\frac{4}{5}-\frac{2}{5}=\frac{4-2}{5}=\frac{2}{5}$

→ 분모는 그대로 쓰고 분자끼리 뺍니다.

개념문제 $\frac{6}{8}-\frac{2}{8}$를 수직선을 이용하여 계산해 보세요.

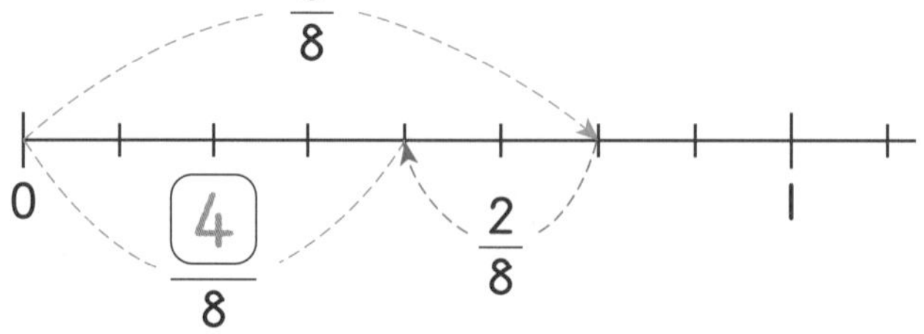

$$\frac{6}{8}-\frac{2}{8}=\frac{\boxed{6}-\boxed{2}}{8}=\frac{\boxed{4}}{8}$$

문제로 개념을 확인해요

쓰기

그림으로 나타내어 진분수의 차를 구하세요.

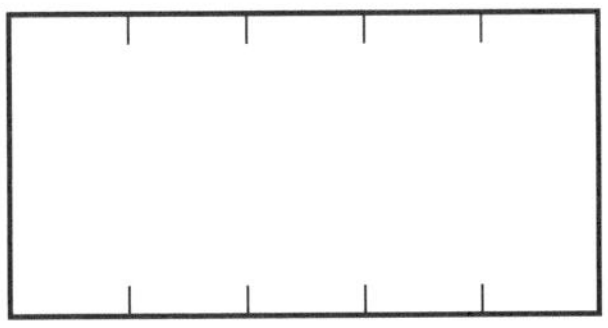

$\frac{4}{5}-\frac{2}{5}=\square$

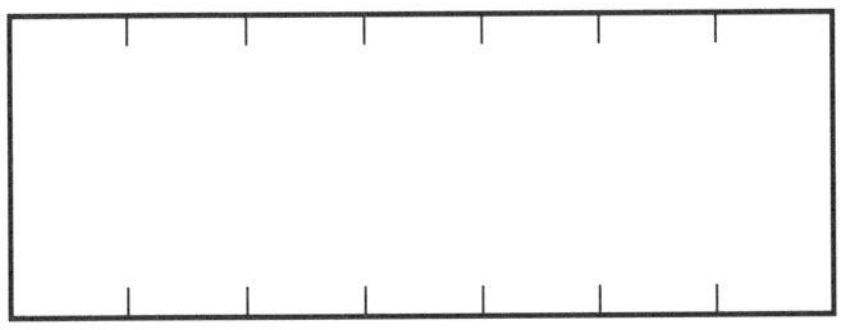

$\frac{6}{7}-\frac{3}{7}=\square$

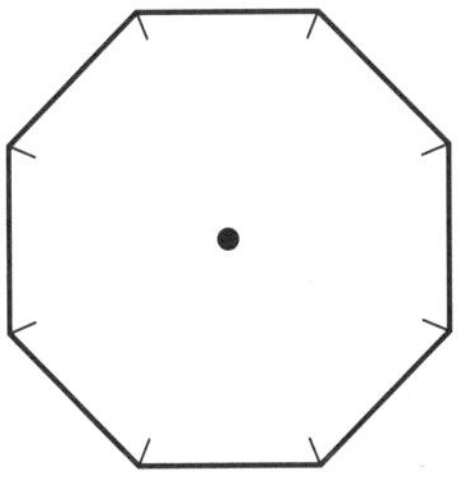

$\frac{6}{8}-\frac{2}{8}=\square$

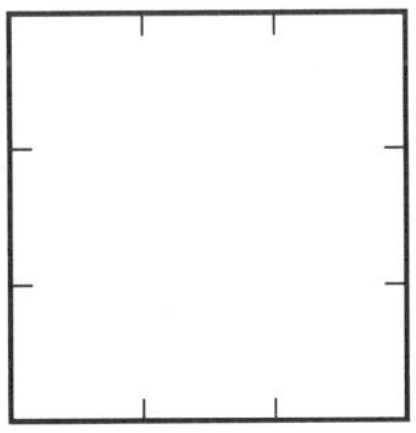

$\frac{8}{9}-\frac{3}{9}=\square$

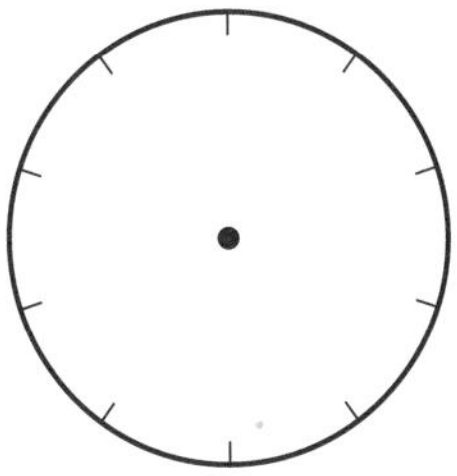

$\frac{9}{10}-\frac{5}{10}=\square$

문 제 로 개 념 을 확 인 해 요

표시하기

수직선을 이용하여 진분수의 차를 구하세요.

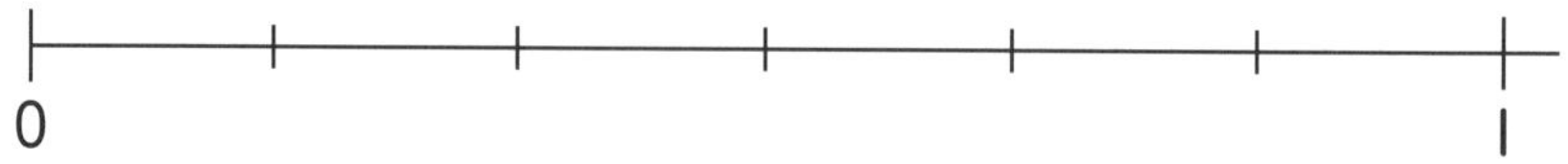

$$\frac{5}{6}-\frac{3}{6}=\frac{\square-\square}{6}=\frac{\square}{6}$$

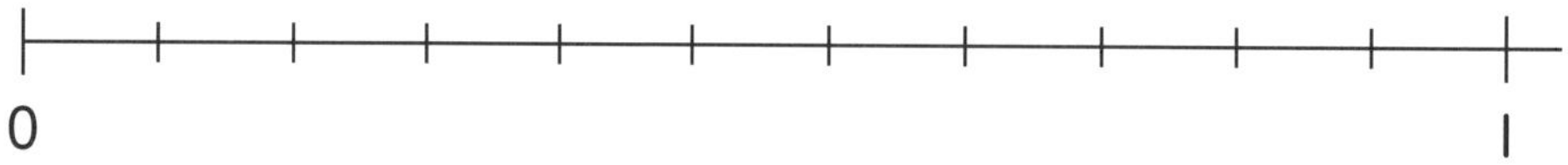

$$\frac{7}{11}-\frac{4}{11}=\frac{\square-\square}{11}=\frac{\square}{11}$$

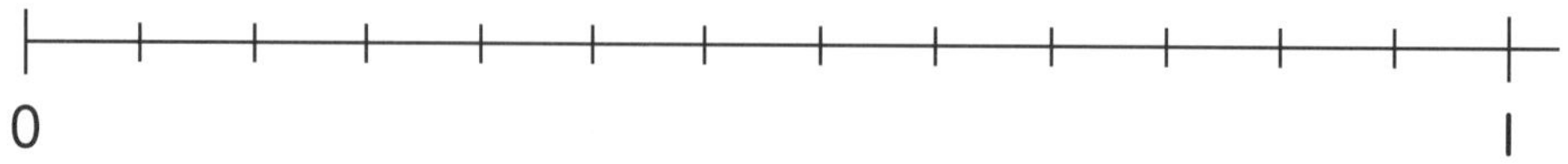

$$\frac{11}{13}-\frac{7}{13}=\frac{\square-\square}{13}=\frac{\square}{13}$$

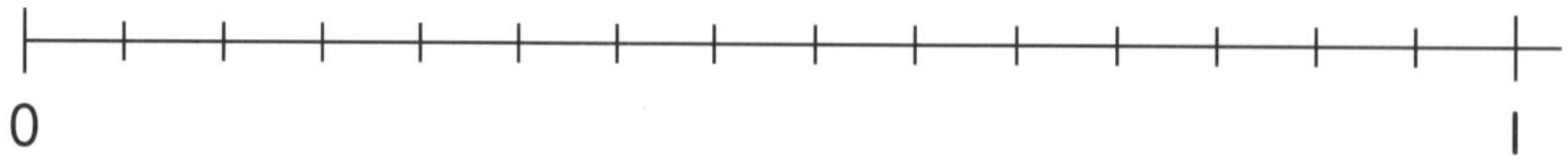

$$\frac{12}{15}-\frac{9}{15}=\frac{\square-\square}{15}=\frac{\square}{15}$$

문제로 개념을 확인해요

쓰기

□ 안에 알맞은 수를 써넣으세요.

$\frac{10}{12}$은 $\frac{1}{12}$이 □개, $\frac{6}{12}$은 $\frac{1}{12}$이 □개이므로

$\frac{10}{12}-\frac{6}{12}$은 $\frac{1}{12}$이 모두 □개입니다.

→ $\frac{10}{12}-\frac{6}{12}=\frac{\square-\square}{12}=\frac{\square}{12}$

$\frac{12}{17}$는 $\frac{1}{17}$이 □개, $\frac{9}{17}$는 $\frac{1}{17}$이 □개이므로

$\frac{12}{17}-\frac{9}{17}$는 $\frac{1}{17}$이 모두 □개입니다.

→ $\frac{12}{17}-\frac{9}{17}=\frac{\square-\square}{17}=\frac{\square}{17}$

$\frac{16}{20}$은 $\frac{1}{20}$이 □개, $\frac{12}{20}$는 $\frac{1}{20}$이 □개이므로

$\frac{16}{20}-\frac{12}{20}$는 $\frac{1}{20}$이 모두 □개입니다.

→ $\frac{16}{20}-\frac{12}{20}=\frac{\square-\square}{20}=\frac{\square}{20}$

정답 73쪽

문제로 개념을 확인해요

계산하기

진분수의 뺄셈을 하세요.

$\frac{2}{3}-\frac{1}{3}=\square$

$\frac{3}{4}-\frac{2}{4}=\square$

$\frac{4}{5}-\frac{3}{5}=\square$

$\frac{5}{6}-\frac{3}{6}=\square$

$\frac{5}{7}-\frac{2}{7}=\square$

$\frac{7}{8}-\frac{4}{8}=\square$

$\frac{8}{9}-\frac{6}{9}=\square$

$\frac{7}{10}-\frac{5}{10}=\square$

$\frac{9}{11}-\frac{5}{11}=\square$

$\frac{10}{12}-\frac{7}{12}=\square$

정답 73쪽

문제로 개념을 확인해요

선 잇기

같은 수끼리 선으로 이어 보세요.

$\frac{7}{8}-\frac{3}{8}$ •	• $\frac{4}{8}$
$\frac{10}{11}-\frac{7}{11}$ •	• $\frac{2}{8}$
$\frac{15}{20}-\frac{9}{20}$ •	• $\frac{2}{11}$
$\frac{5}{8}-\frac{3}{8}$ •	• $\frac{3}{11}$
$\frac{8}{11}-\frac{6}{11}$ •	• $\frac{6}{20}$
$\frac{12}{20}-\frac{4}{20}$ •	• $\frac{8}{20}$

정답 73쪽

교과서 개념을 배워요

04 받아내림이 없는 대분수의 뺄셈

학습목표
- 받아내림이 없는 대분수의 뺄셈을 할 수 있어요.

대분수의 뺄셈은 자연수 부분과 진분수 부분으로 나누어 계산하거나 가분수로 바꾸어 분자끼리 빼서 계산해요.

■ $2\frac{4}{5}-1\frac{2}{5}$의 계산

방법 1 자연수와 진분수 부분으로 나누어 계산하기

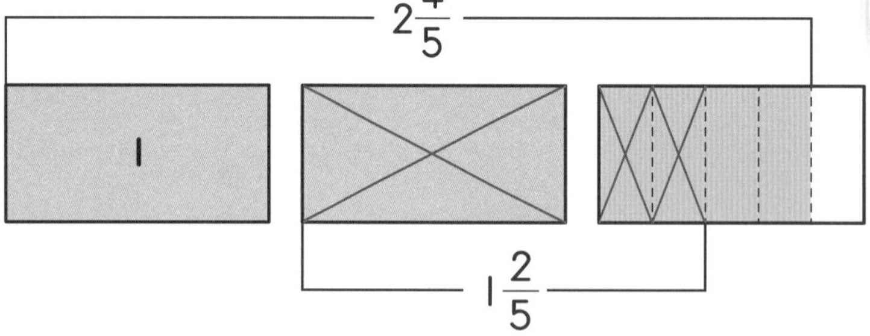

$$2\frac{4}{5}-1\frac{2}{5}=(2-1)+(\frac{4}{5}-\frac{2}{5})=1+\frac{2}{5}=1\frac{2}{5}$$

방법 2 모두 가분수로 고쳐서 계산하기

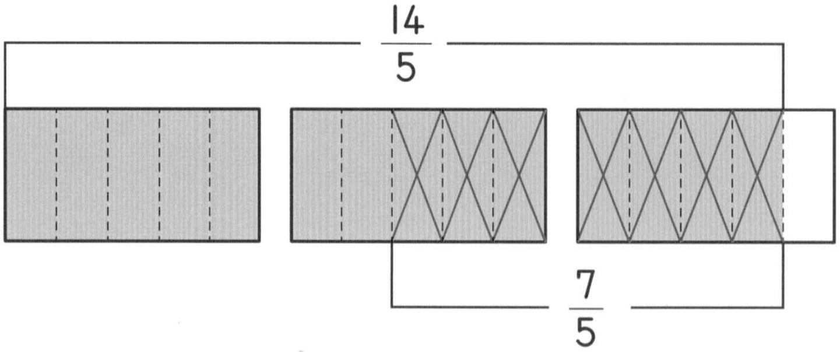

$$2\frac{4}{5}-1\frac{2}{5}=\frac{14}{5}-\frac{7}{5}=\frac{7}{5}=1\frac{2}{5}$$

문제로 개념을 확인해요

쓰기

그림을 보고 대분수의 차를 구하세요.

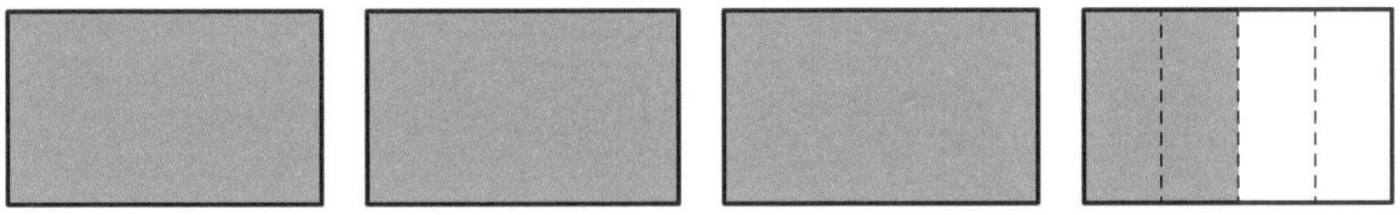

$$3\frac{2}{4}-1\frac{1}{4}=(\square-\square)+\left(\frac{\square}{4}-\frac{\square}{4}\right)$$

$$=\square+\frac{\square}{4}=\square\frac{\square}{4}$$

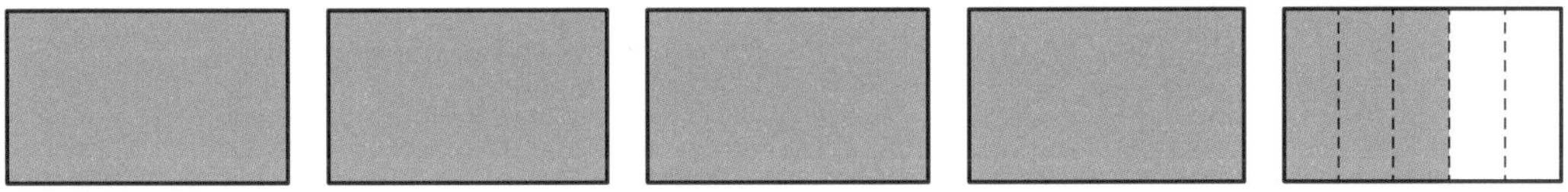

$$4\frac{3}{5}-2\frac{1}{5}=(\square-\square)+\left(\frac{\square}{5}-\frac{\square}{5}\right)=\square+\frac{\square}{5}=\square\frac{\square}{5}$$

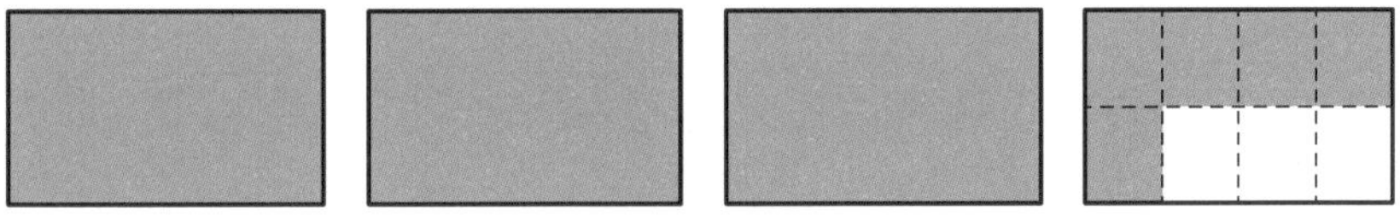

$$3\frac{5}{8}-2\frac{3}{8}=(\square-\square)+\left(\frac{\square}{8}-\frac{\square}{8}\right)=\square+\frac{\square}{8}=\square\frac{\square}{8}$$

문제로 개념을 확인해요

쓰기

수직선을 이용하여 대분수의 차를 구하세요.

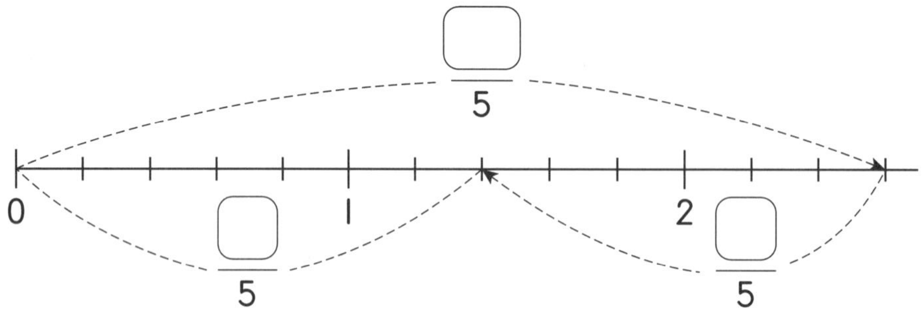

$$2\frac{3}{5}-1\frac{1}{5}=\frac{\square}{5}-\frac{\square}{5}=\frac{\square-\square}{5}=\frac{\square}{5}=\square\frac{\square}{5}$$

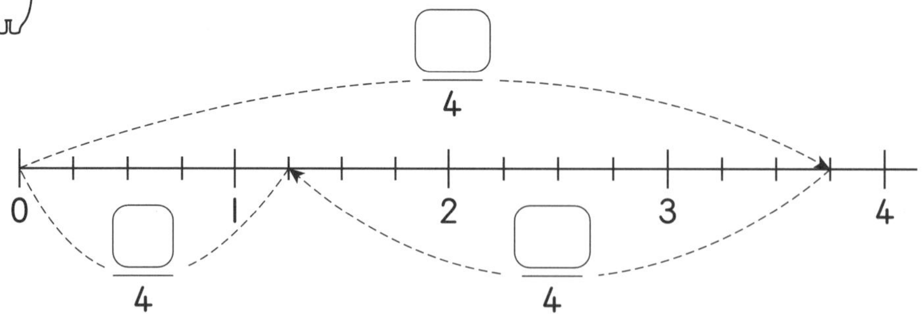

$$3\frac{3}{4}-2\frac{2}{4}=\frac{\square}{4}-\frac{\square}{4}=\frac{\square-\square}{4}=\frac{\square}{4}=\square\frac{\square}{4}$$

 정답 73쪽

문제로 개념을 확인해요

쓰기

수직선을 이용하여 대분수의 차를 구하세요.

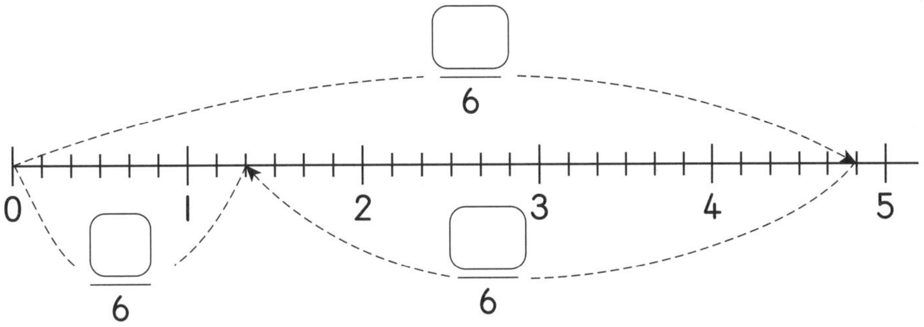

$$4\frac{5}{6}-3\frac{3}{6}=\frac{\square}{6}-\frac{\square}{6}=\frac{\square-\square}{6}=\frac{\square}{6}=\square\frac{\square}{6}$$

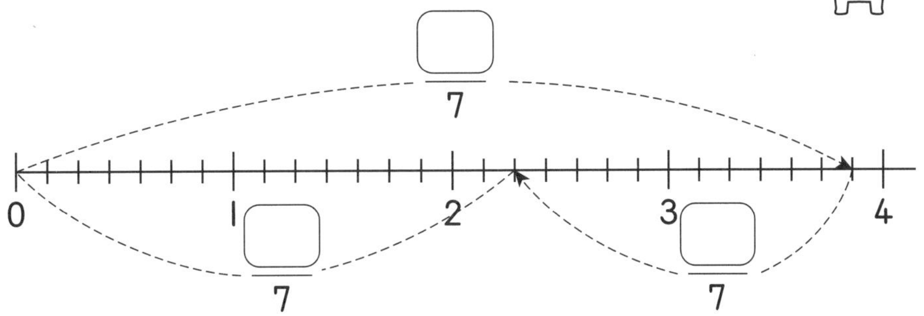

$$3\frac{6}{7}-1\frac{4}{7}=\frac{\square}{7}-\frac{\square}{7}=\frac{\square-\square}{7}=\frac{\square}{7}=\square\frac{\square}{7}$$

문제로 개념을 확인해요

계산하기

분수의 뺄셈을 하세요.

$4\frac{5}{7}-2\frac{1}{7}$

$3\frac{5}{6}-2\frac{1}{6}$

$3\frac{5}{8}-1\frac{1}{8}$

$5\frac{2}{3}-3\frac{1}{3}$

$4\frac{8}{9}-2\frac{5}{9}$

$4\frac{8}{11}-3\frac{5}{11}$

$5\frac{9}{10}-4\frac{3}{10}$

$3\frac{5}{7}-2\frac{2}{7}$

$6\frac{4}{6}-3\frac{2}{6}$

$5\frac{8}{12}-4\frac{4}{12}$

$3\frac{3}{4}-2\frac{1}{4}$

$6\frac{5}{7}-2\frac{1}{7}$

$5\frac{4}{5}-2\frac{2}{5}$

$4\frac{6}{9}-1\frac{2}{9}$

정답 74쪽

문 제 로 개 념 을 확 인 해 요

표시하기

계산 결과가 주어진 수 사이에 속하는 뺄셈식에 ○표 하세요.

1과 2 사이	$4\frac{3}{4}-2\frac{1}{4}$	$2\frac{4}{5}-1\frac{3}{5}$	$\frac{10}{7}-1\frac{1}{7}$	$1\frac{5}{6}-\frac{7}{6}$
2와 3 사이	$4\frac{8}{9}-\frac{10}{9}$	$3\frac{4}{5}-1\frac{3}{5}$	$\frac{20}{7}-1\frac{1}{7}$	$4\frac{3}{4}-1\frac{1}{4}$
3과 4 사이	$4\frac{3}{4}-2\frac{2}{4}$	$3\frac{5}{6}-\frac{7}{6}$	$5\frac{4}{5}-2\frac{3}{5}$	$\frac{15}{7}-1\frac{3}{7}$
4와 5 사이	$\frac{30}{7}-3\frac{1}{7}$	$5\frac{3}{4}-3\frac{1}{4}$	$4\frac{5}{6}-\frac{7}{6}$	$5\frac{4}{5}-1\frac{3}{5}$
5와 6 사이	$6\frac{4}{5}-1\frac{3}{5}$	$5\frac{5}{6}-\frac{7}{6}$	$6\frac{3}{4}-2\frac{1}{4}$	$\frac{40}{7}-1\frac{1}{7}$

정답 74쪽

교과서 개념을 배워요

05 (자연수)-(분수)

학습목표 ● 자연수와 분수의 뺄셈을 할 수 있어요.

■ $1-\frac{1}{4}$의 계산

1-(진분수)의 계산은 1을 진분수와 분모가 같은 가분수로 바꾸어 분자끼리 빼요.

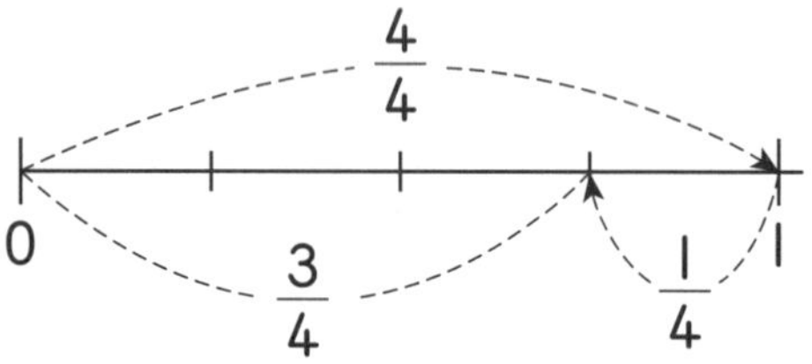

1은 $\frac{1}{4}$이 4개, $\frac{1}{4}$은 $\frac{1}{4}$이 1개이므로 $1-\frac{1}{4}$은 $\frac{1}{4}$이 $4-1=3$(개)입니다.

→ $1-\frac{1}{4}=\frac{4}{4}-\frac{1}{4}=\frac{4-1}{4}=\frac{3}{4}$

1을 가분수로 바꿉니다.

■ $4-2\frac{4}{5}$의 계산

4

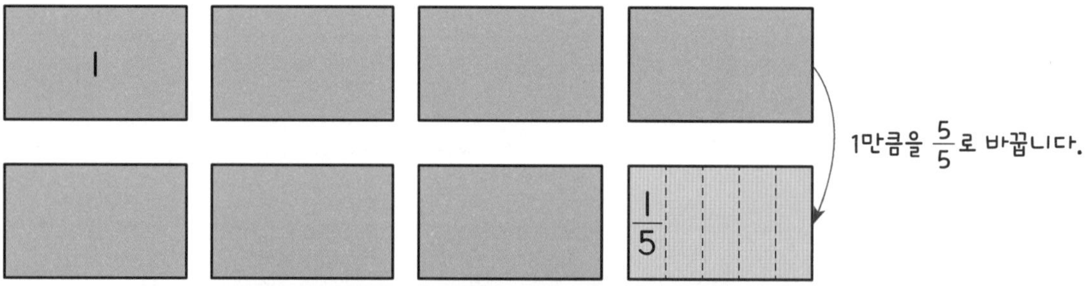

→ $3\frac{5}{5}$

$4-2\frac{4}{5}=3\frac{5}{5}-2\frac{4}{5}$ → 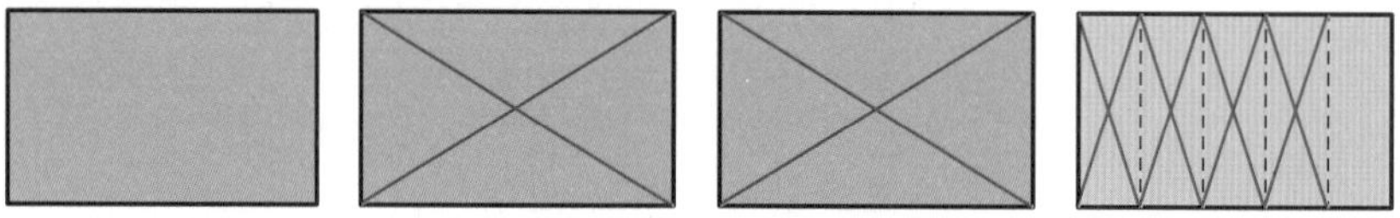 → $1\frac{1}{5}$

문제로 개념을 확인해요

쓰기

그림을 보고 분수의 뺄셈을 하세요.

$$3-\frac{2}{4}=\square\frac{\square}{4}-\frac{2}{4}=\square+\frac{\square}{4}=\square\frac{\square}{4}$$

$$4-2\frac{3}{5}=\square\frac{\square}{5}-2\frac{3}{5}=(\square-\square)+\left(\frac{\square}{5}-\frac{\square}{5}\right)$$

$$=\square+\frac{\square}{5}=\square\frac{\square}{5}$$

$$5-3\frac{2}{8}=\square\frac{\square}{8}-3\frac{2}{8}=(\square-\square)+\left(\frac{\square}{8}-\frac{\square}{8}\right)$$

$$=\square+\frac{\square}{8}=\square\frac{\square}{8}$$

정답 74쪽

문제로 개념을 확인해요

쓰기

수직선을 이용하여 대분수의 차를 구하세요.

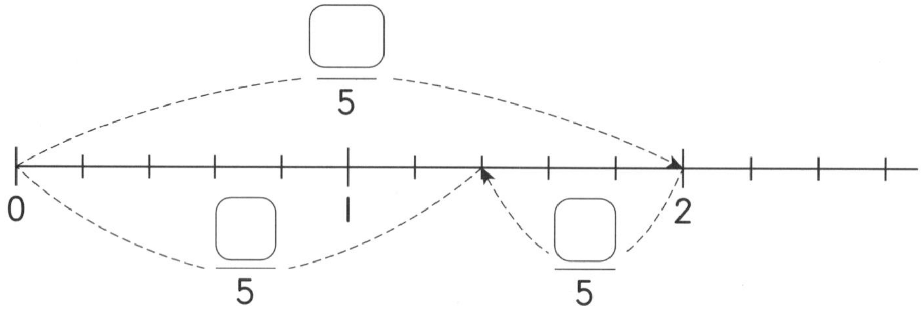

$$2-\frac{3}{5}=\frac{\square}{5}-\frac{\square}{5}=\frac{\square-\square}{5}=\frac{\square}{5}=\square\frac{\square}{5}$$

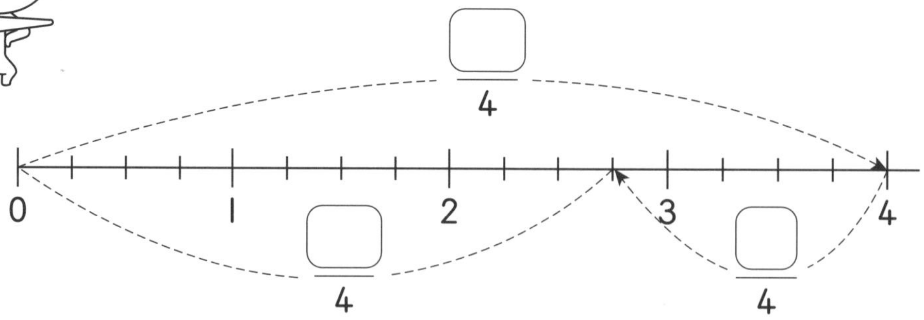

$$4-1\frac{1}{4}=\frac{\square}{4}-\frac{\square}{4}=\frac{\square-\square}{4}=\frac{\square}{4}=\square\frac{\square}{4}$$

문 제 로 개 념 을 확 인 해 요

쓰기

□ 안에 알맞은 수를 써넣으세요.

2는 $\frac{1}{4}$이 □개, $\frac{3}{4}$은 $\frac{1}{4}$이 □개이므로

$2-\frac{3}{4}$은 $\frac{1}{4}$이 모두 □개입니다.

$\rightarrow 2-\frac{3}{4}=\frac{\square-\square}{4}=\frac{\square}{4}=\square\frac{\square}{4}$

3은 $\frac{1}{3}$이 □개, $1\frac{2}{3}$는 $\frac{1}{3}$이 □개이므로

$3-1\frac{2}{3}$는 $\frac{1}{3}$이 모두 □개입니다.

$\rightarrow 3-1\frac{2}{3}=\frac{\square-\square}{3}=\frac{\square}{3}=\square\frac{\square}{3}$

4는 $\frac{1}{5}$이 □개, $2\frac{3}{5}$은 $\frac{1}{5}$이 □개이므로

$4-2\frac{3}{5}$은 $\frac{1}{5}$이 모두 □개입니다.

$\rightarrow 4-2\frac{3}{5}=\frac{\square-\square}{5}=\frac{\square}{5}=\square\frac{\square}{5}$

정답 74쪽

문제로 개념을 확인해요

계산하기

분수의 뺄셈을 하세요.

$4-\frac{3}{7}$

$3-\frac{4}{6}$

$3-\frac{1}{8}$

$5-\frac{2}{3}$

$4-2\frac{6}{9}$

$4-3\frac{4}{11}$

$5-4\frac{2}{10}$

$3-2\frac{5}{7}$

$6-3\frac{5}{6}$

$5-4\frac{7}{12}$

$3-2\frac{3}{4}$

$5-2\frac{1}{7}$

$5-2\frac{2}{5}$

$7-1\frac{5}{9}$

정답 74쪽

문제로 개념을 확인해요

표시하기

계산 결과가 주어진 수 사이에 속하는 뺄셈식에 ○표 하세요.

1과 2 사이	$5-2\frac{1}{4}$	$2-\frac{3}{5}$	$2-1\frac{1}{7}$	$1-\frac{5}{6}$
2와 3 사이	$3-\frac{2}{6}$	$4-2\frac{1}{4}$	$3-2\frac{2}{5}$	$6-1\frac{5}{7}$
3과 4 사이	$5-\frac{3}{6}$	$3-1\frac{2}{7}$	$6-2\frac{2}{4}$	$2-\frac{4}{5}$
4와 5 사이	$5-1\frac{1}{7}$	$6-\frac{5}{6}$	$4-\frac{3}{5}$	$6-1\frac{1}{4}$
5와 6 사이	$5-\frac{5}{6}$	$7-1\frac{1}{7}$	$6-2\frac{3}{4}$	$5-\frac{2}{5}$

정답 74쪽

교과서 개념을 배워요

06 소수 한 자리 수의 덧셈

학습목표 ● 소수 한 자리 수의 덧셈을 할 수 있어요.

같은 자리 수끼리 더하고, 같은 자리 수끼리의 합이 10이거나 10보다 크면 일의 자리로 받아올려 계산해요.

■ 0.5＋08의 계산

방법 1 그림을 이용하여 계산하기

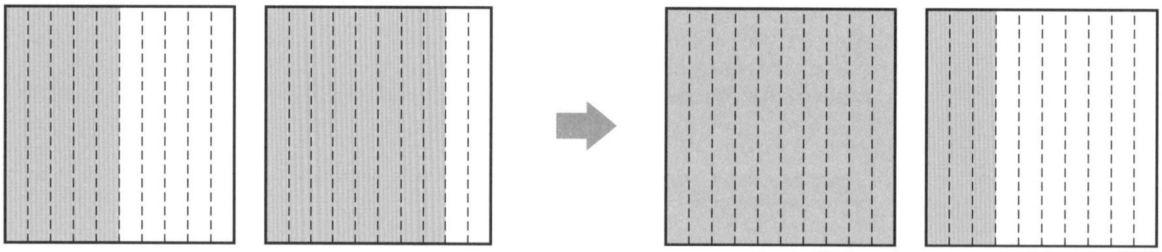

방법 2 세로로 써서 계산하기

$$\begin{array}{r} {\scriptstyle 1} \\ 0.5 \\ +\ 0.8 \\ \hline 1.3 \end{array}$$

① 소수점끼리 자리를 맞추어 씁니다.
② 같은 자리 숫자끼리 더합니다.
③ 소수점은 그대로 내려 찍습니다.

개념 문제 전체 크기가 1인 모눈종이를 색칠해서 소수의 덧셈을 알아보세요.

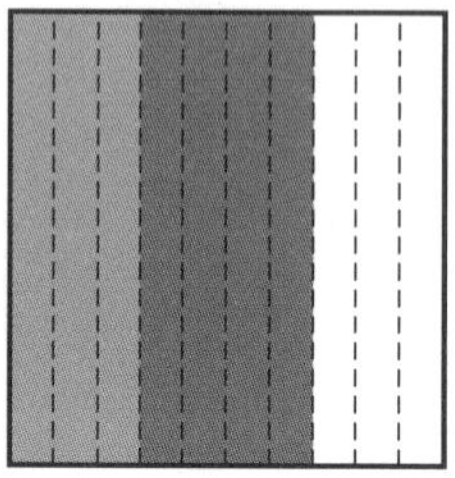

0.3＋0.4＝ 0.7

문제로 개념을 확인해요

쓰기

수직선을 보고 소수의 덧셈을 하세요.

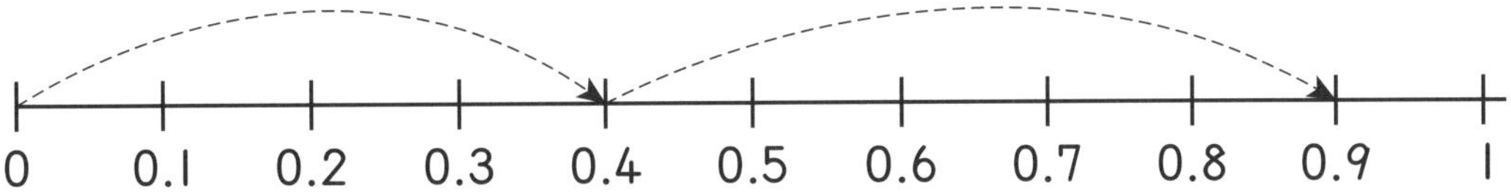

0.4 + □ = □

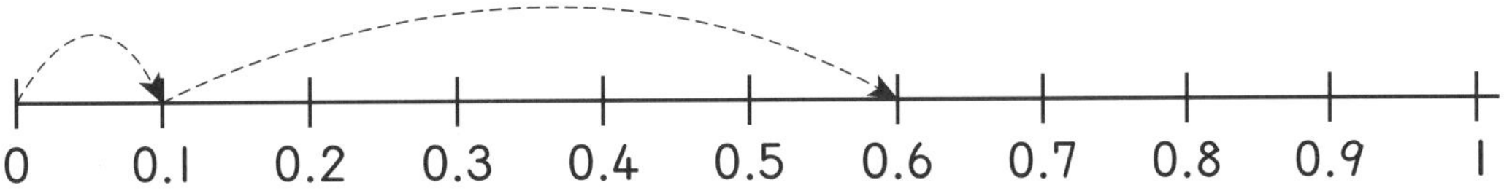

0.1 + □ = □

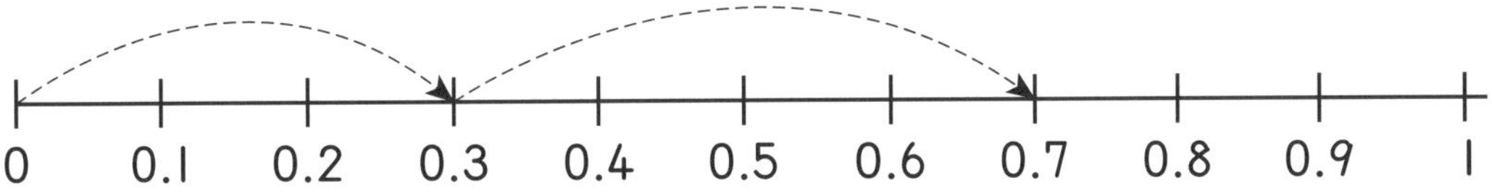

0.3 + □ = □

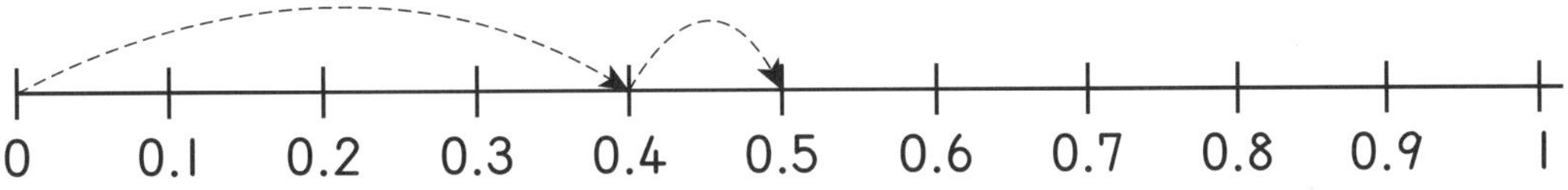

0.4 + □ = □

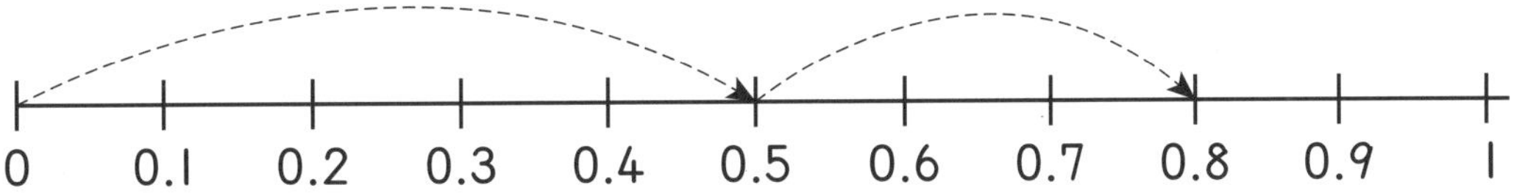

0.5 + □ = □

정답 74쪽

문제로 개념을 확인해요

쓰기

□ 안에 알맞은 수를 써넣으세요.

0.6은 0.1이 □개, 1.2는 0.1이 □개입니다.

0.6+1.2는 0.1이 모두 □개이므로 □입니다.

0.9는 0.1이 □개, 1.6은 0.1이 □개입니다.

0.9+1.6은 0.1이 모두 □개이므로 □입니다.

0.7은 0.1이 □개, 1.5는 0.1이 □개입니다.

0.7+1.5는 0.1이 모두 □개이므로 □입니다.

1.7은 0.1이 □개, 1.9는 0.1이 □개입니다.

1.7+1.9는 0.1이 모두 □개이므로 □입니다.

정답 74쪽

문제로 개념을 확인해요

계산하기

소수의 덧셈을 하세요.

$\begin{array}{r} 0.8 \\ +\,0.9 \\ \hline \end{array}$

$\begin{array}{r} 1.1 \\ +\,0.3 \\ \hline \end{array}$

$\begin{array}{r} 0.2 \\ +\,1.4 \\ \hline \end{array}$

$\begin{array}{r} 2.3 \\ +\,0.3 \\ \hline \end{array}$

$\begin{array}{r} 1.2 \\ +\,0.7 \\ \hline \end{array}$

$\begin{array}{r} 3.2 \\ +\,1.9 \\ \hline \end{array}$

$\begin{array}{r} 2.5 \\ +\,0.6 \\ \hline \end{array}$

$\begin{array}{r} 4.4 \\ +\,1.8 \\ \hline \end{array}$

$\begin{array}{r} 2.5 \\ +\,2.7 \\ \hline \end{array}$

$\begin{array}{r} 4.6 \\ +\,2.5 \\ \hline \end{array}$

$\begin{array}{r} 1.8 \\ +\,3.3 \\ \hline \end{array}$

정답 75쪽

쓰기

계산 결과를 비교하여 ○ 안에 >, =, <를 알맞게 써넣으세요.

1.2+0.3	○	0.8+0.7
2.1+0.3	○	1.1+0.1
3.1+0.9	○	1.2+1.8
2.7+0.5	○	4.2+3.3
0.6+2.8	○	1.9+1.5
2.3+3.1	○	1.9+1.8
2.5+2.8	○	1.9+2.4
4.2+0.5	○	3.5+2.4

 정답 75쪽

문 제 로 개 념 을 확 인 해 요

선 잇기

같은 수끼리 선으로 이어 보세요.

0.8+1.9 •	• 6.7
1.1+2.8 •	• 2.7
2.2+3.7 •	• 3.9
4.1+2.6 •	• 5.9
0.2+1.8 •	• 8
3.3+4.7 •	• 2

정답 75쪽

07 소수 두 자리 수의 덧셈

학습목표
- 소수 두 자리 수의 덧셈을 할 수 있어요.

0.28+0.45의 계산

방법 1 그림으로 나타내서 계산하기

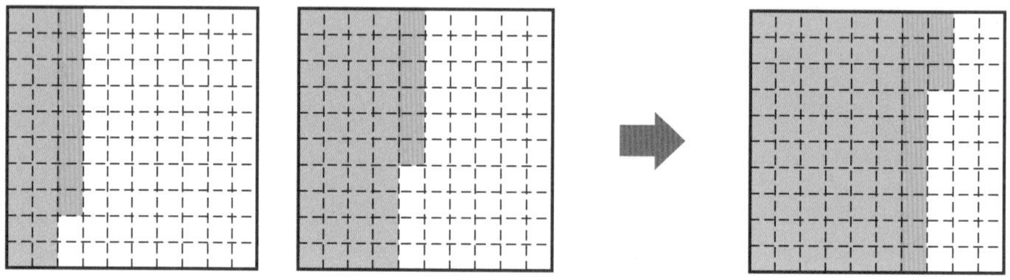

0.28　　0.45　　0.73

방법 2 세로로 써서 계산하기

$$\begin{array}{r} {}^{1} \\ 0.28 \\ +\ 0.45 \\ \hline 0.73 \end{array}$$

① 소수점끼리 자리를 맞추어 씁니다.
② 같은 자리 숫자끼리 더합니다.
③ 소수점은 그대로 내려 찍습니다.

개념 문제

전체 크기가 1인 모눈종이에 색칠된 그림을 보고 □ 안에 알맞은 수를 써넣으세요.

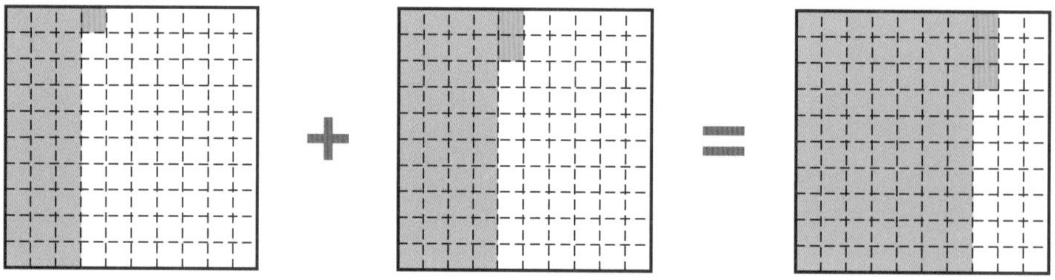

[0.31] + [0.42] = [0.73]

문제로 개념을 확인해요

쓰기

수직선에 나타내어 소수의 덧셈을 하세요.

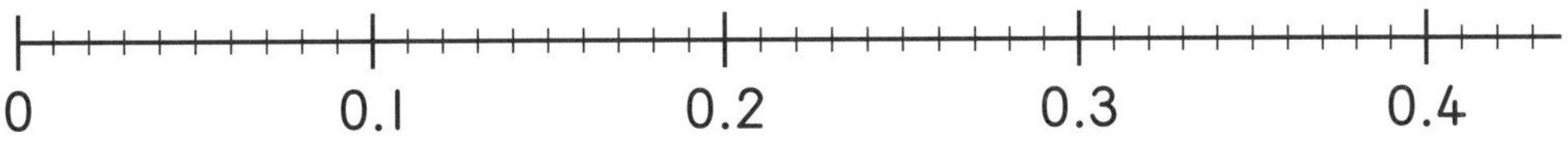

$0.23+0.14=$ □

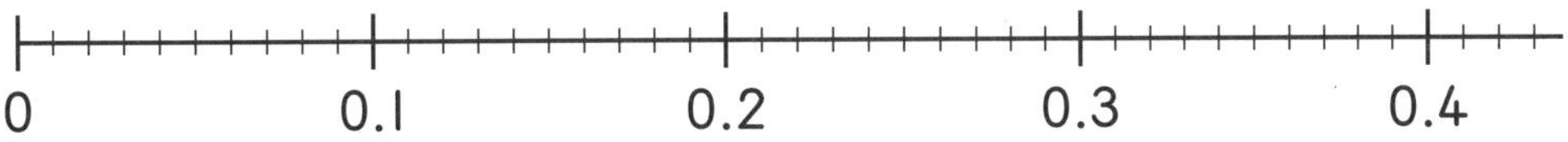

$0.15+0.26=$ □

$0.09+0.28=$ □

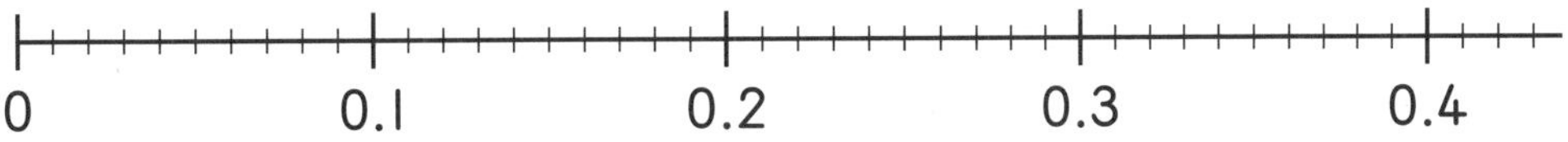

$0.31+0.05=$ □

문제로 개념을 확인해요

계산하기

소수의 덧셈을 하세요.

$$\begin{array}{r} 1.82 \\ +\ 2.17 \\ \hline \end{array}$$

$$\begin{array}{r} 3.28 \\ +\ 1.06 \\ \hline \end{array}$$

$$\begin{array}{r} 5.39 \\ +\ 2.25 \\ \hline \end{array}$$

$$\begin{array}{r} 6.45 \\ +\ 1.31 \\ \hline \end{array}$$

$$\begin{array}{r} 5.38 \\ +\ 3.64 \\ \hline \end{array}$$

$$\begin{array}{r} 2.84 \\ +\ 5.39 \\ \hline \end{array}$$

$$\begin{array}{r} 20.82 \\ +\ 3.03 \\ \hline \end{array}$$

$$\begin{array}{r} 12.05 \\ +\ 3.37 \\ \hline \end{array}$$

$$\begin{array}{r} 16.39 \\ +\ 6.54 \\ \hline \end{array}$$

$$\begin{array}{r} 18.85 \\ +\ 5.16 \\ \hline \end{array}$$

$$\begin{array}{r} 21.98 \\ +\ 6.17 \\ \hline \end{array}$$

$$\begin{array}{r} 17.26 \\ +\ 6.17 \\ \hline \end{array}$$

정답 75쪽

문 제 로 개 념 을 확 인 해 요

설명하는 수가 얼마인지 구하세요.

쓰기

0.24보다 1.28 큰 수 →

1.43보다 0.87 큰 수 →

9.76보다 4.09 큰 수 →

10.28보다 9.08 큰 수 →

17.98보다 7.95 큰 수 →

21.76보다 4.57 큰 수 →

문제로 개념을 확인해요

쓰기

계산 결과를 비교하여 ○ 안에 >, =, <를 알맞게 써넣으세요.

2.98+0.37	○	1.28+1.26
12.07+0.46	○	7.29+5.28
5.67+1.34	○	3.47+1.15
2.74+0.77	○	1.76+1.44
12.45+1.06	○	7.19+6.52
6.69+4.27	○	5.01+5.24
5.67+3.88	○	3.29+7.01

정답 75쪽

문 제 로 개 념 을 확 인 해 요

같은 수끼리 선으로 이어 보세요.

선 잇기

2.34+1.19 •	• 3.53
0.39+3.87 •	• 3.62
1.29+2.29 •	• 3.58
2.87+0.75 •	• 4.26
0.29+9.28 •	• 10.64
1.28+9.36 •	• 9.57

교과서 개념을 배워요

08 소수 한 자리 수의 뺄셈

학습목표 ● 소수 한 자리 수의 뺄셈을 할 수 있어요.

같은 자리 수끼리 빼고, 같은 자리 수끼리 뺄 수 없을 때는 일의 자리에서 받아내려 계산해요.

■ 3.2－1.5의 계산

방법 1 그림을 이용하여 계산하기

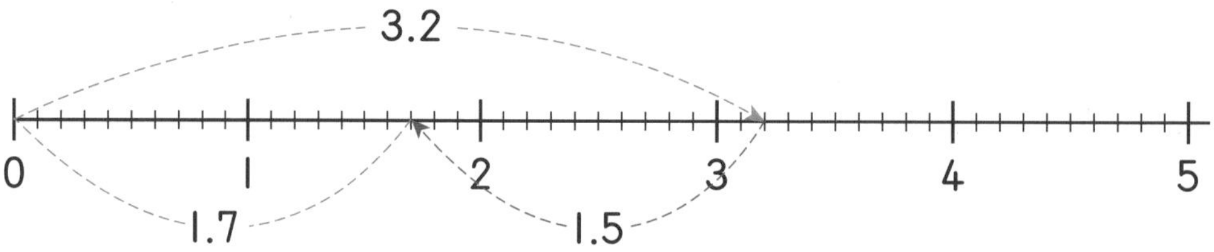

방법 2 세로로 써서 계산하기

$$\begin{array}{r} {}^{2}\;\;{}^{10} \\ \not{3}.2 \\ -\ 1.5 \\ \hline 1.7 \end{array}$$

① 소수점끼리 자리를 맞추어 씁니다.
② 같은 자리 숫자끼리 뺍니다.
③ 소수점은 그대로 내려 찍습니다.

개념문제 그림을 보고 소수의 뺄셈을 하세요.

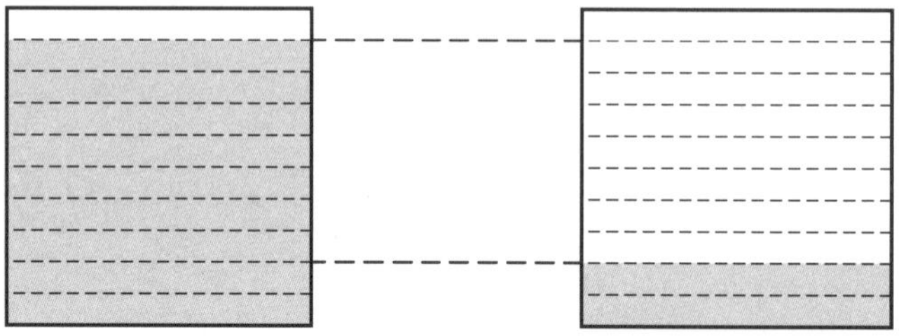

0.9－0.2= 0.7

문제로 개념을 확인해요

쓰기

수직선에 나타내어 소수의 뺄셈을 하세요.

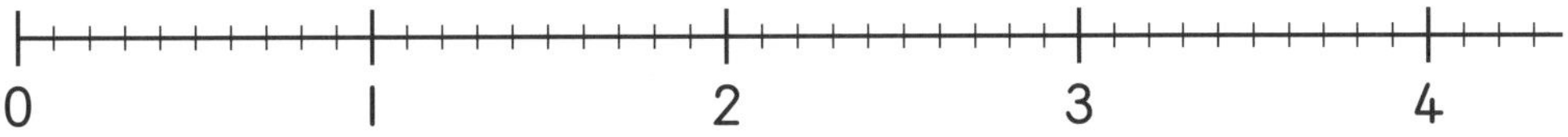

3.5−1.9= ☐

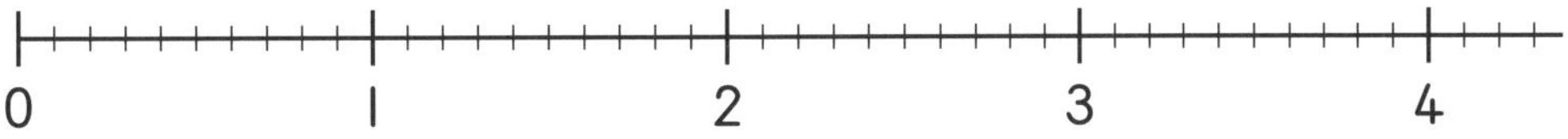

2.8−1.6= ☐

4.2−2.5= ☐

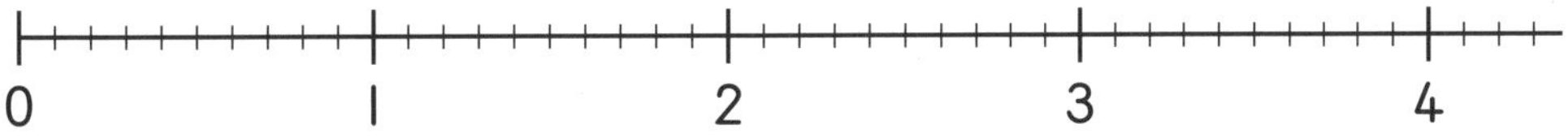

3.1−1.2= ☐

정답 75쪽

문제로 개념을 확인해요

쓰기

□ 안에 알맞은 수를 써넣으세요.

3.2는 0.1이 □ 개, 1.9는 0.1이 □ 개입니다.

3.2 − 1.9는 0.1이 모두 □ 개이므로 □ 입니다.

5.3은 0.1이 □ 개, 2.8은 0.1이 □ 개입니다.

5.3 − 2.8은 0.1이 모두 □ 개이므로 □ 입니다.

4.8은 0.1이 □ 개, 1.7은 0.1이 □ 개입니다.

4.8 − 1.7은 0.1이 모두 □ 개이므로 □ 입니다.

6.5는 0.1이 □ 개, 0.9는 0.1이 □ 개입니다.

6.5 − 0.9는 0.1이 모두 □ 개이므로 □ 입니다.

 정답 76쪽

문제로 개념을 확인해요

계산하기

소수의 뺄셈을 하세요.

$$\begin{array}{r} 1.8 \\ -\,0.9 \\ \hline \end{array}$$

$$\begin{array}{r} 2.5 \\ -\,1.3 \\ \hline \end{array}$$

$$\begin{array}{r} 2.2 \\ -\,1.5 \\ \hline \end{array}$$

$$\begin{array}{r} 3.1 \\ -\,1.5 \\ \hline \end{array}$$

$$\begin{array}{r} 5.6 \\ -\,3.1 \\ \hline \end{array}$$

$$\begin{array}{r} 4.5 \\ -\,2.7 \\ \hline \end{array}$$

$$\begin{array}{r} 6.5 \\ -\,1.2 \\ \hline \end{array}$$

$$\begin{array}{r} 8.9 \\ -\,5.7 \\ \hline \end{array}$$

$$\begin{array}{r} 6.1 \\ -\,3.4 \\ \hline \end{array}$$

$$\begin{array}{r} 3.2 \\ -\,2.3 \\ \hline \end{array}$$

$$\begin{array}{r} 7.6 \\ -\,4.8 \\ \hline \end{array}$$

정답 76쪽

문제로 개념을 확인해요

쓰기

계산 결과를 비교하여 ○ 안에 >, =, <를 알맞게 써넣으세요.

$3.1-0.6$	○	$4.3-1.8$
$3.1-1.2$	○	$2.2-0.5$
$2.1-0.4$	○	$5.1-3.5$
$6.2-2.8$	○	$5.4-1.6$
$8.2-5.3$	○	$7.3-4.9$
$2.5-1.9$	○	$2.1-0.4$
$8.8-3.9$	○	$5.7-3.2$
$4.2-2.1$	○	$5.3-1.8$

정답 76쪽

문 제 로 개 념 을 확 인 해 요

같은 수끼리 선으로 이어 보세요.

선 잇기

5.2−0.6 •	• 1.6
4.2−3.8 •	• 4.6
5.5−3.9 •	• 0.4
2.6−0.7 •	• 5.3
8.9−3.6 •	• 2.8
7.3−4.5 •	• 1.9

정답 76쪽

교과서 개념을 배워요

09 소수 두 자리 수의 뺄셈

학습목표 ● 소수 두 자리 수의 뺄셈을 할 수 있어요.

■ 0.45－0.28의 계산

방법 1 그림으로 나타내어 계산하기

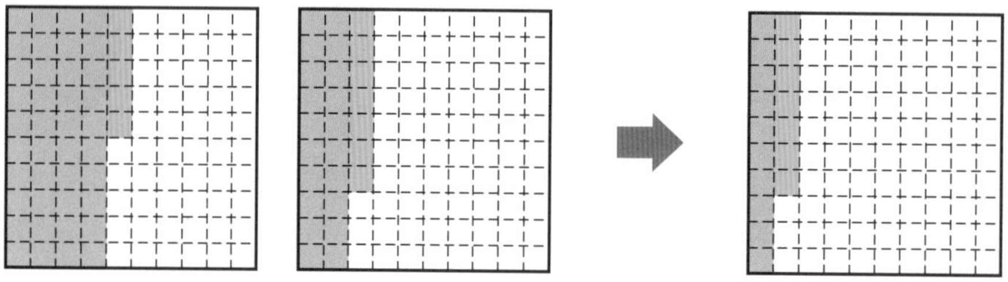

0.45　　0.28　　0.17

방법 2 세로로 써서 계산하기

```
    3 10
  0 . 4 5
－ 0 . 2 8
──────────
  0 . 1 7
```

① 소수점끼리 자리를 맞추어 씁니다.
② 같은 자리 숫자끼리 뺍니다.
③ 소수점은 그대로 내려 찍습니다.

개념 문제

전체 크기가 1인 모눈종이에 색칠된 그림을 보고 □ 안에 알맞은 수를 써 넣으세요.

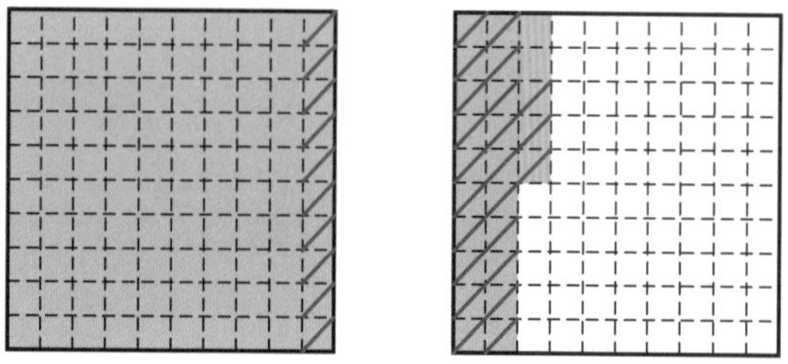

1.25－0.33＝ 0.92

문제로 개념을 확인해요

쓰기

□ 안에 알맞은 수를 써넣으세요.

$6.43 - 4.75$: (□ □) → $\square$ → (□ □ □) → $\square\square$ → (□ □ □) → $\square.\square\square$

$7.32 - 2.56$: (□ □) → $\square$ → (□ □ □) → $\square\square$ → (□ □ □) → $\square.\square\square$

$9.51 - 5.64$: (□ □) → $\square$ → (□ □ □) → $\square\square$ → (□ □ □) → $\square.\square\square$

$5.24 - 4.57$: (□ □) → $\square$ → (□ □ □) → $\square\square$ → (□ □ □) → $\square.\square\square$

정답 76쪽

문제로 개념을 확인해요

계산하기

소수의 뺄셈을 하세요.

$$\begin{array}{r} 5.85 \\ -\ 3.23 \\ \hline \end{array}$$

$$\begin{array}{r} 4.37 \\ -\ 2.05 \\ \hline \end{array}$$

$$\begin{array}{r} 3.59 \\ -\ 1.36 \\ \hline \end{array}$$

$$\begin{array}{r} 2.72 \\ -\ 1.54 \\ \hline \end{array}$$

$$\begin{array}{r} 6.21 \\ -\ 3.32 \\ \hline \end{array}$$

$$\begin{array}{r} 5.74 \\ -\ 2.42 \\ \hline \end{array}$$

$$\begin{array}{r} 10.88 \\ -\ 9.01 \\ \hline \end{array}$$

$$\begin{array}{r} 21.05 \\ -\ 7.26 \\ \hline \end{array}$$

$$\begin{array}{r} 14.89 \\ -\ 8.44 \\ \hline \end{array}$$

$$\begin{array}{r} 16.83 \\ -\ 8.19 \\ \hline \end{array}$$

$$\begin{array}{r} 25.34 \\ -\ 9.36 \\ \hline \end{array}$$

$$\begin{array}{r} 19.85 \\ -\ 8.53 \\ \hline \end{array}$$

정답 76쪽

문제로 개념을 확인해요

쓰기

설명하는 수가 얼마인지 구하세요.

3.56보다 1.29 작은 수 → ☐

5.98보다 2.08 작은 수 → ☐

4.43보다 2.96 작은 수 → ☐

10.86보다 8.29 작은 수 → ☐

12.48보다 4.39 작은 수 → ☐

20.26보다 9.85 작은 수 → ☐

문제로 개념을 확인해요

쓰기

계산 결과를 비교하여 ○ 안에 >, =, <를 알맞게 써넣으세요.

2.19−0.46	○	3.28−1.76
4.29−2.17	○	5.04−3.25
0.37−0.16	○	1.67−1.08
2.56−1.65	○	3.48−2.76
5.63−3.29	○	6.39−4.58
5.31−2.38	○	6.62−3.26
4.33−1.38	○	5.24−2.19
6.05−4.14	○	7.25−5.13

정답 76쪽

문 제 로 개 념 을 확 인 해 요

같은 수끼리 선으로 이어 보세요.

선 잇기

3.01−1.92 •	• 3.77
8.42−4.65 •	• 1.09
5.16−2.45 •	• 3.52
4.21−3.26 •	• 0.95
6.74−3.22 •	• 0.35
4.19−3.84 •	• 2.71

정답 76쪽

10 그림과 글로 배워요

1 분모가 7인 진분수가 2개 있습니다. 합이 $\frac{6}{7}$, 차가 $\frac{2}{7}$인 두 진분수를 구해 보세요.

분모가 7인 진분수는

$\frac{■}{7}$ 모양의 분수입니다.

구해야 하는 분수를

$\frac{㉠}{7}$, $\frac{㉡}{7}$라고 해 볼까요?

분모가 같은 진분수의 덧셈과 뺄셈은
분모는 그대로 두고
분자의 덧셈과 뺄셈으로 구할 수 있습니다.

$\frac{㉠}{7}+\frac{㉡}{7}=\frac{6}{7}$ → ㉠+㉡=□

$\frac{㉠}{7}-\frac{㉡}{7}=\frac{2}{7}$ → ㉠−㉡=□

합이 6, 차가 2인 두 수를 구하면 ㉠=□, ㉡=□입니다.

분모가 7인 두 진분수는 ______ 입니다.

 정답 77쪽

2 소수 두 자리 수의 덧셈식에 잉크가 묻어 일부분이 보이지 않습니다. ㉠, ㉡, ㉢에 알맞은 숫자를 구해 보세요.

㉠.82
+ 1.㉡4
4.2㉢

소수 둘째 자리의 덧셈을 합니다.

㉠ . 8 2
+ 1 . ㉡ 4
4 . 2 ㉢

㉢=2+4=□

소수 첫째 자리의 덧셈을 합니다.

㉠ . 8 2
+ 1 . ㉡ 4
4 . 2 ㉢

8과 더해서 2가 되려면 10보다 큰 수가 나와야 해!

8+㉡=12

→ ㉡=□

소수 첫째 자리에서 받아올린 수를 잊으면 안 돼!

일의 자리의 덧셈을 합니다.

㉠ . 8 2
+ 1 . ㉡ 4
4 . 2 ㉢

1+㉠+1=4

→ ㉠=□

㉠, ㉡, ㉢에 맞는 숫자는 ㉠=　　, ㉡=　　, ㉢=　　입니다.

3

⊙에 들어갈 수 있는 수를 모두 써 보세요.(⊙는 자연수입니다.)

$$\frac{2}{6}+\frac{⊙}{6}<1\frac{1}{6}$$

조건 대분수를 가분수로 나타내면 $1\frac{1}{6}=\frac{\square}{6}$ 입니다.

풀이 주어진 조건을 다시 나타내면

$$\frac{2}{6}+\frac{⊙}{6}=\frac{2+⊙}{6}<\frac{\square}{6} \rightarrow 2+⊙<\square \rightarrow ⊙<\square$$

답 **⊙에 들어갈 수 있는 수는 ______ 입니다.**

4

대분수로만 만들어진 다음 뺄셈식에서 ★+▲가 가장 클 때의 값을 구해 보세요.

$$3\frac{★}{4}-2\frac{▲}{4}=1\frac{1}{4}$$

조건 분모가 같은 대분수의 뺄셈은 자연수와 진분수 부분으로 나누어 계산하면 됩니다.

풀이 $3\frac{★}{4}-2\frac{▲}{4}=(3-2)+(\frac{★}{4}-\frac{▲}{4})=\square+\frac{★-▲}{4}=1\frac{1}{4} \rightarrow ★-▲=\square$

★, ▲는 분모가 4인 분수의 분자이므로 4보다 작습니다.

답 **★+▲가 가장 클 때의 값은 ______ 입니다.**

정답 77쪽

5 지호와 민주가 생각하는 소수 한 자리 수의 합을 구해보세요.

조건 0.1이 24개인 수: ☐.☐
일의 자리 숫자가 4이고, 소수 첫째 자리 숫자가 5인 수: ☐.☐

풀이 두 소수의 합을 구하면 ☐.☐ + ☐.☐ = ☐.☐ 입니다.

답 **지호와 민주가 생각하는 소수 한 자리 수의 합은 ______ 입니다.**

6 카드를 한 번씩 모두 사용하여 소수 두 자리 수를 만들려고 합니다. 만들 수 있는 가장 큰 수와 가장 작은 수의 차를 구하세요.

3	5	8	.

조건 카드를 모두 사용하여 소수 두 자리 수를 만들면 자연수 부분은 한 자리 수입니다.

풀이 가장 큰 소수 두 자리 수: ☐.☐☐
가장 작은 소수 두 자리 수: ☐.☐☐
두 수의 차를 구하면 ☐.☐☐ − ☐.☐☐
= ☐.☐☐ 입니다.

답 **만들 수 있는 가장 큰 수와 가장 작은 수의 차는 ______ 입니다.**

11 마무리 평가

분수의 계산을 하세요.

❶ $\frac{2}{3}+\frac{1}{3}$

❷ $\frac{1}{5}+\frac{2}{5}$

❸ $\frac{2}{4}+\frac{1}{4}$

❹ $2\frac{3}{8}+1\frac{2}{8}$

❺ $3\frac{1}{3}+2\frac{1}{3}$

❻ $3\frac{3}{9}+4\frac{5}{9}$

❼ $\frac{5}{7}-\frac{1}{7}$

❽ $\frac{7}{8}-\frac{2}{8}$

❾ $\frac{9}{10}-\frac{5}{10}$

❿ $5\frac{3}{4}-2\frac{1}{4}$

⓫ $4\frac{6}{7}-2\frac{1}{7}$

⓬ $3\frac{4}{5}-1\frac{2}{5}$

⓭ $3-1\frac{3}{4}$

⓮ $5-2\frac{3}{7}$

⓯ $7-4\frac{3}{9}$

 정답 77쪽

표준 시간 20분 | 맞힌 개수 개

소수의 계산을 하세요.

⑯ $\begin{array}{r} 4.2 \\ +\ 1.4 \\ \hline \end{array}$

⑰ $\begin{array}{r} 8.2 \\ +\ 1.2 \\ \hline \end{array}$

⑱ $\begin{array}{r} 6.6 \\ +\ 2.7 \\ \hline \end{array}$

⑲ $\begin{array}{r} 3.25 \\ +\ 1.41 \\ \hline \end{array}$

⑳ $\begin{array}{r} 5.62 \\ +\ 3.44 \\ \hline \end{array}$

㉑ $\begin{array}{r} 3.84 \\ +\ 3.24 \\ \hline \end{array}$

㉒ $\begin{array}{r} 4.3 \\ -\ 2.6 \\ \hline \end{array}$

㉓ $\begin{array}{r} 6.5 \\ -\ 1.1 \\ \hline \end{array}$

㉔ $\begin{array}{r} 4.7 \\ -\ 1.4 \\ \hline \end{array}$

㉕ $\begin{array}{r} 13.23 \\ -\ 8.19 \\ \hline \end{array}$

㉖ $\begin{array}{r} 27.52 \\ -\ 9.36 \\ \hline \end{array}$

㉗ $\begin{array}{r} 17.48 \\ -\ 8.21 \\ \hline \end{array}$

정답 77쪽

한눈에 보는 개념 노트

1 받아올림이 없는 분수의 덧셈

- 받아올림이 없는 진분수의 덧셈: 진분수의 덧셈은 분모는 그대로 두고 분자끼리 더합니다.
- 받아올림이 없는 대분수의 덧셈: 대분수의 덧셈은 자연수 부분과 진분수 부분으로 나누어 계산하거나 가분수로 바꾸어 분자끼리 더해서 계산합니다.

예
- $\frac{4}{8}+\frac{2}{8}=\frac{4+2}{8}=\frac{6}{8}$
- $2\frac{2}{8}+1\frac{4}{8}=(2+1)+(\frac{2}{8}+\frac{4}{8})=3+\frac{6}{8}=3\frac{6}{8}$

2 받아내림이 없는 분수의 뺄셈, (자연수)-(분수)

- 진분수의 뺄셈: 진분수의 뺄셈은 분모는 그대로 두고 분자끼리 뺍니다.
- 받아내림이 없는 대분수의 뺄셈: 대분수의 뺄셈은 자연수 부분과 진분수 부분으로 나누어 계산하거나 가분수로 바꾸어 분자끼리 빼서 계산합니다.
- 자연수에서 1을 진분수의 분모와 분자가 같은 가분수로 바꾸어 분자끼리 뺍니다.

예
- $\frac{7}{8}-\frac{3}{8}=\frac{7-3}{8}=\frac{4}{8}$
- $2\frac{5}{7}-1\frac{4}{7}=(2-1)+(\frac{5}{7}-\frac{4}{7})=1+\frac{1}{7}=1\frac{1}{7}$
- $3-\frac{4}{6}=2\frac{6}{6}-\frac{4}{6}=2+\frac{6-4}{6}=2\frac{2}{6}$

3 소수의 덧셈

같은 자리 수끼리 더하고, 같은 자리 수끼리의 합이 10이거나 10보다 크면 바로 윗자리로 받아올려 계산합니다.

$$\begin{array}{r} 5.23 \\ +\ 2.4 \\ \hline 3 \end{array} \rightarrow \begin{array}{r} 5.23 \\ +\ 2.4 \\ \hline 63 \end{array} \rightarrow \begin{array}{r} 5.23 \\ +\ 2.4 \\ \hline 7.63 \end{array}$$

$$\begin{array}{r} {\scriptstyle 1} \\ 6.14 \\ +\ 2.39 \\ \hline 3 \end{array} \rightarrow \begin{array}{r} {\scriptstyle 1} \\ 6.14 \\ +\ 2.39 \\ \hline 53 \end{array} \rightarrow \begin{array}{r} 6.14 \\ +\ 2.39 \\ \hline 8.53 \end{array}$$

잊지마!

소수의 덧셈과 뺄셈은
자연수의 덧셈과 뺄셈하고
똑같아! 자리를 잘 맞추고,
소수점을 잊지마!

4 소수의 뺄셈

같은 자리 수끼리 빼고, 같은 자리 수끼리 뺄 수 없을 때는 바로 윗자리에서 받아내려 계산합니다.

$$\begin{array}{r} 4.33 \\ -\ 1.5 \\ \hline 3 \end{array} \rightarrow \begin{array}{r} {\scriptstyle 3\ \ 10} \\ \not{4}.33 \\ -\ 1.5 \\ \hline 83 \end{array} \rightarrow \begin{array}{r} {\scriptstyle 3\ \ 10} \\ \not{4}.33 \\ -\ 1.5 \\ \hline 2.83 \end{array}$$

$$\begin{array}{r} {\scriptstyle 2\ \ 10} \\ 6.\not{3}4 \\ -\ 2.48 \\ \hline 6 \end{array} \rightarrow \begin{array}{r} {\scriptstyle 5\ \ 12} \\ \not{6}.\not{3}4 \\ -\ 2.48 \\ \hline 86 \end{array} \rightarrow \begin{array}{r} {\scriptstyle 5\ \ 12} \\ \not{6}.\not{3}4 \\ -\ 2.48 \\ \hline 3.86 \end{array}$$

잊지마!

수학 퍼즐 맛보기

수리 기억

과일 교환

제임스는 사과 12개를 가지고 있고, 수아는 망고 24개, 래쉬드는 바나나 40개를 가지고 있어요.
제임스는 가지고 있는 사과의 반을 수아에게 주고, 나머지의 반을 래쉬드에게 줬어요.
수아는 망고의 반을 래쉬드에게 주고, 나머지의 반을 제임스에게 줬어요.
래쉬드는 바나나의 반을 제임스에게 주고, 나머지의 반을 수아에게 줬어요.
세 친구는 각자 무슨 과일을 몇 개씩 가지고 있을까요?

제임스

사과 : _______개

망고 : _______개

바나나 : _______개

수아

사과 : _______개

망고 : _______개

바나나 : _______개

래쉬드

사과 : _______개

망고 : _______개

바나나 : _______개

해답

제임스: 사과 3개, 망고 6개, 바나나 20개
수아: 사과 6개, 망고 6개, 바나나 10개
래쉬드: 사과 3개, 망고 12개, 바나나 10개

브레인알파 「암호 퍼즐」 교재 내용입니다.

정답

09쪽

문제로 개념을 확인해요

쓰기 그림으로 나타내어 진분수의 합을 구하세요.

전체를 분모의 수로 나누고, 분자만큼 색칠해!

$\frac{2}{5}+\frac{2}{5}=\frac{4}{5}$

$\frac{4}{7}+\frac{2}{7}=\frac{6}{7}$

$\frac{1}{8}+\frac{5}{8}=\frac{6}{8}$

$\frac{3}{9}+\frac{4}{9}=\frac{7}{9}$

$\frac{6}{10}+\frac{3}{10}=\frac{9}{10}$

정답 72쪽 9

10쪽

문제로 개념을 확인해요

색칠하기 수직선을 이용하여 진분수의 합을 구하세요.

$\frac{2}{6}$ 만큼 간 다음 $\frac{3}{6}$ 만큼 더 가면 돼.

$\frac{2}{6}+\frac{3}{6}=\frac{2+3}{6}=\frac{5}{6}$

$\frac{6}{11}+\frac{2}{11}=\frac{6+2}{11}=\frac{8}{11}$

$\frac{5}{13}+\frac{5}{13}=\frac{5+5}{13}=\frac{10}{13}$

$\frac{7}{15}+\frac{4}{15}=\frac{7+4}{15}=\frac{11}{15}$

10 정답 72쪽

11쪽

문제로 개념을 확인해요

쓰기 □ 안에 알맞은 수를 써넣으세요.

$\frac{3}{12}$은 $\frac{1}{12}$이 3 개, $\frac{7}{12}$은 $\frac{1}{12}$이 7 개이므로 $\frac{3}{12}+\frac{7}{12}$은 $\frac{1}{12}$이 모두 10 개입니다.
→ $\frac{3}{12}+\frac{7}{12}=\frac{3+7}{12}=\frac{10}{12}$

$\frac{8}{17}$은 $\frac{1}{17}$이 8 개, $\frac{6}{17}$은 $\frac{1}{17}$이 6 개이므로 $\frac{8}{17}+\frac{6}{17}$은 $\frac{1}{17}$이 모두 14 개입니다.
→ $\frac{8}{17}+\frac{6}{17}=\frac{8+6}{17}=\frac{14}{17}$

$\frac{9}{20}$는 $\frac{1}{20}$이 9 개, $\frac{10}{20}$은 $\frac{1}{20}$이 10 개이므로 $\frac{9}{20}+\frac{10}{20}$은 $\frac{1}{20}$이 모두 19 개입니다.
→ $\frac{9}{20}+\frac{10}{20}=\frac{9+10}{20}=\frac{19}{20}$

정답 72쪽 11

12쪽

문제로 개념을 확인해요

계산하기 진분수의 덧셈을 하세요.

분모가 같을 때는 분자끼리 더하면 돼!

$\frac{1}{3}+\frac{1}{3}=\frac{2}{3}$ $\frac{2}{4}+\frac{1}{4}=\frac{3}{4}$

$\frac{2}{5}+\frac{2}{5}=\frac{4}{5}$ $\frac{3}{6}+\frac{2}{6}=\frac{5}{6}$

$\frac{3}{7}+\frac{3}{7}=\frac{6}{7}$ $\frac{2}{8}+\frac{3}{8}=\frac{5}{8}$

$\frac{4}{9}+\frac{4}{9}=\frac{8}{9}$ $\frac{6}{10}+\frac{3}{10}=\frac{9}{10}$

$\frac{3}{11}+\frac{5}{11}=\frac{8}{11}$ $\frac{2}{12}+\frac{8}{12}=\frac{10}{12}$

12 정답 72쪽

13쪽

문제로 개념을 확인해요

선잇기 같은 수끼리 선으로 이어 보세요.

$\frac{3}{11}+\frac{6}{11}$ — $\frac{9}{11}$

$\frac{2}{8}+\frac{4}{8}$ — $\frac{6}{8}$

$\frac{5}{11}+\frac{2}{11}$ — $\frac{7}{11}$

$\frac{3}{8}+\frac{2}{8}$ — $\frac{5}{8}$

$\frac{7}{20}+\frac{2}{20}$ — $\frac{9}{20}$

$\frac{8}{20}+\frac{3}{20}$ — $\frac{11}{20}$

정답 72쪽 13

15쪽

문제로 개념을 확인해요

쓰기 그림을 보고 대분수의 합을 구하세요.

$1\frac{2}{4}+2\frac{1}{4}=(1+2)+(\frac{2}{4}+\frac{1}{4})=3+\frac{3}{4}=3\frac{3}{4}$

그림으로 분수의 합을 이해할 수 있어!

$2\frac{3}{5}+2\frac{1}{5}=(2+2)+(\frac{3}{5}+\frac{1}{5})=4+\frac{4}{5}=4\frac{4}{5}$

정답 72쪽 15

16쪽

문제로 개념을 확인해요

쓰기 수직선을 이용하여 대분수의 합을 구하세요.

$1\frac{3}{5}+\frac{1}{5}=(\frac{8}{5}+\frac{1}{5})=\frac{8+1}{5}=\frac{9}{5}=1\frac{4}{5}$

대분수를 가분수로 고쳐서 계산해.

$1\frac{4}{6}+1\frac{1}{6}=(\frac{10}{6}+\frac{7}{6})=\frac{10+7}{6}=\frac{17}{6}=2\frac{5}{6}$

16 정답 72쪽

17쪽

문제로 개념을 확인해요

쓰기 수직선을 이용하여 대분수의 합을 구하세요.

$1\frac{1}{7}+1\frac{4}{7}=(\frac{8}{7}+\frac{11}{7})=\frac{8+11}{7}=\frac{19}{7}=2\frac{5}{7}$

계산 결과는 대분수여야 해.

$1\frac{4}{8}+\frac{3}{8}=(\frac{12}{8}+\frac{3}{8})=\frac{12+3}{8}=\frac{15}{8}=1\frac{7}{8}$

정답 72쪽 17

18쪽

문제로 개념을 확인해요

계산하기 분수의 덧셈을 하세요.

자연수끼리, 진분수끼리 계산해 볼까?

$2\frac{3}{7}+1\frac{3}{7}=3\frac{6}{7}$ $1\frac{2}{6}+1\frac{2}{6}=2\frac{4}{6}$

$2\frac{3}{8}+1\frac{4}{8}=3\frac{7}{8}$ $1\frac{1}{3}+2\frac{1}{3}=3\frac{2}{3}$

$1\frac{3}{9}+4\frac{5}{9}=5\frac{8}{9}$ $4\frac{1}{11}+2\frac{5}{11}=6\frac{6}{11}$

$4\frac{2}{10}+1\frac{3}{10}=5\frac{5}{10}$ $2\frac{3}{7}+1\frac{3}{7}=3\frac{6}{7}$

$3\frac{3}{6}+2\frac{1}{6}=5\frac{4}{6}$ $3\frac{4}{12}+5\frac{6}{12}=8\frac{10}{12}$

$2\frac{1}{4}+1\frac{1}{4}=3\frac{2}{4}$ $5\frac{5}{7}+3\frac{1}{7}=8\frac{6}{7}$

$5\frac{2}{5}+3\frac{1}{5}=8\frac{3}{5}$ $2\frac{4}{9}+2\frac{3}{9}=4\frac{7}{9}$

18 정답 72쪽

19쪽

문제로 개념을 확인해요

표시하기

계산 결과가 주어진 수 사이에 속하는 덧셈식에 ○표 하세요.

2와 3 사이	$1\frac{1}{5}+2\frac{3}{5}$	$\frac{13}{6}+\frac{1}{6}$	$2\frac{1}{4}+1\frac{1}{4}$	$1\frac{1}{7}+2\frac{3}{7}$
		○		
3과 4 사이	$\frac{11}{4}+\frac{7}{4}$	$2\frac{2}{5}+1\frac{2}{5}$	$2\frac{1}{8}+2\frac{3}{8}$	$1\frac{4}{7}+1\frac{2}{7}$
		○		
4와 5 사이	$4\frac{3}{6}+1\frac{2}{6}$	$1\frac{1}{4}+2\frac{2}{4}$	$\frac{15}{7}+\frac{16}{7}$	$2\frac{4}{11}+1\frac{5}{11}$
			○	
5와 6 사이	$4\frac{2}{5}+2\frac{2}{5}$	$3\frac{1}{8}+2\frac{3}{8}$	$2\frac{2}{7}+4\frac{3}{7}$	$\frac{11}{9}+\frac{20}{9}$
		○		
6과 7 사이	$\frac{25}{4}+\frac{2}{4}$	$5\frac{1}{6}+2\frac{3}{6}$	$4\frac{3}{7}+3\frac{3}{7}$	$\frac{11}{3}+\frac{14}{3}$
	○			

21쪽

문제로 개념을 확인해요

쓰기

그림으로 나타내어 진분수의 차를 구하세요.

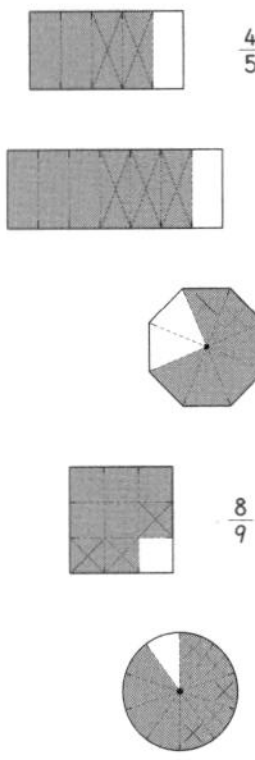

$\frac{4}{5}-\frac{2}{5}=\frac{2}{5}$

$\frac{6}{7}-\frac{3}{7}=\frac{3}{7}$

$\frac{6}{8}-\frac{2}{8}=\frac{4}{8}$

$\frac{8}{9}-\frac{3}{9}=\frac{5}{9}$

$\frac{9}{10}-\frac{5}{10}=\frac{4}{10}$

22쪽

문제로 개념을 확인해요

표시하기

수직선을 이용하여 진분수의 차를 구하세요.

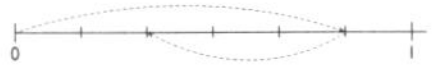

$\frac{5}{6}-\frac{3}{6}=\frac{5-3}{6}=\frac{2}{6}$

$\frac{7}{11}-\frac{4}{11}=\frac{7-4}{11}=\frac{3}{11}$

$\frac{11}{13}-\frac{7}{13}=\frac{11-7}{13}=\frac{4}{13}$

$\frac{12}{15}-\frac{9}{15}=\frac{12-9}{15}=\frac{3}{15}$

23쪽

문제로 개념을 확인해요

쓰기

□ 안에 알맞은 수를 써넣으세요.

$\frac{10}{12}$은 $\frac{1}{12}$이 10 개, $\frac{6}{12}$은 $\frac{1}{12}$이 6 개이므로
$\frac{10}{12}-\frac{6}{12}$은 $\frac{1}{12}$이 모두 4 개입니다.
→ $\frac{10}{12}-\frac{6}{12}=\frac{10-6}{12}=\frac{4}{12}$

$\frac{12}{17}$는 $\frac{1}{17}$이 12 개, $\frac{9}{17}$는 $\frac{1}{17}$이 9 개이므로
$\frac{12}{17}-\frac{9}{17}$는 $\frac{1}{17}$이 모두 3 개입니다.
→ $\frac{12}{17}-\frac{9}{17}=\frac{12-9}{17}=\frac{3}{17}$

$\frac{16}{20}$은 $\frac{1}{20}$이 16 개, $\frac{12}{20}$는 $\frac{1}{20}$이 12 개이므로
$\frac{16}{20}-\frac{12}{20}$는 $\frac{1}{20}$이 모두 4 개입니다.
→ $\frac{16}{20}-\frac{12}{20}=\frac{16-12}{20}=\frac{4}{20}$

24쪽

문제로 개념을 확인해요

계산하기

진분수의 뺄셈을 하세요.

$\frac{2}{3}-\frac{1}{3}=\frac{1}{3}$ $\frac{3}{4}-\frac{2}{4}=\frac{1}{4}$

$\frac{4}{5}-\frac{3}{5}=\frac{1}{5}$ $\frac{5}{6}-\frac{3}{6}=\frac{2}{6}$

$\frac{5}{7}-\frac{2}{7}=\frac{3}{7}$ $\frac{7}{8}-\frac{4}{8}=\frac{3}{8}$

$\frac{8}{9}-\frac{6}{9}=\frac{2}{9}$ $\frac{7}{10}-\frac{5}{10}=\frac{2}{10}$

$\frac{9}{11}-\frac{5}{11}=\frac{4}{11}$ $\frac{10}{12}-\frac{7}{12}=\frac{3}{12}$

25쪽

문제로 개념을 확인해요

선 잇기

같은 수끼리 선으로 이어 보세요.

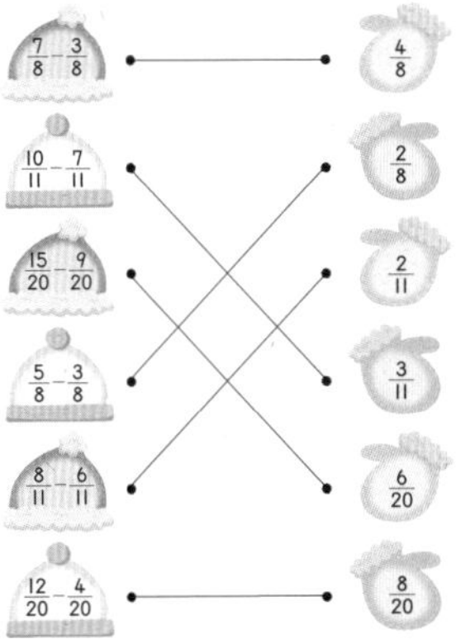

27쪽

문제로 개념을 확인해요

쓰기

그림을 보고 대분수의 차를 구하세요.

$3\frac{2}{4}-1\frac{1}{4}=(3-1)+(\frac{2}{4}-\frac{1}{4})$
$=2+\frac{1}{4}=2\frac{1}{4}$

$4\frac{3}{5}-2\frac{1}{5}=(4-2)+(\frac{3}{5}-\frac{1}{5})=2+\frac{2}{5}=2\frac{2}{5}$

$3\frac{5}{8}-2\frac{3}{8}=(3-2)+(\frac{5}{8}-\frac{3}{8})=1+\frac{2}{8}=1\frac{2}{8}$

28쪽

문제로 개념을 확인해요

쓰기

수직선을 이용하여 대분수의 차를 구하세요.

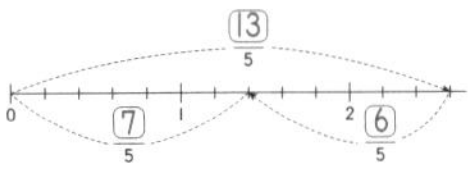

$2\frac{3}{5}-1\frac{1}{5}=\frac{13}{5}-\frac{6}{5}=\frac{13-6}{5}=\frac{7}{5}=1\frac{2}{5}$

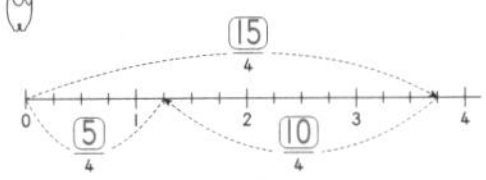

$3\frac{3}{4}-2\frac{2}{4}=\frac{15}{4}-\frac{10}{4}=\frac{15-10}{4}=\frac{5}{4}=1\frac{1}{4}$

29쪽

문제로 개념을 확인해요

쓰기

수직선을 이용하여 대분수의 차를 구하세요.

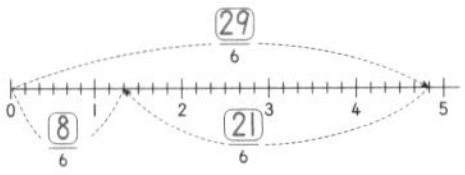

$4\frac{5}{6}-3\frac{3}{6}=\frac{29}{6}-\frac{21}{6}=\frac{29-21}{6}=\frac{8}{6}=1\frac{2}{6}$

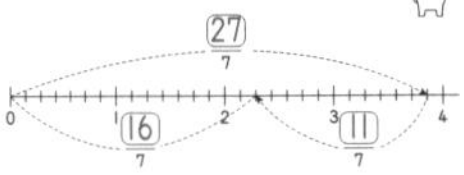

$3\frac{6}{7}-1\frac{4}{7}=\frac{27}{7}-\frac{11}{7}=\frac{27-11}{7}=\frac{16}{7}=2\frac{2}{7}$

30쪽

문제로 개념을 확인해요

계산하기

분수의 뺄셈을 하세요.

$4\frac{5}{7}-2\frac{1}{7}=2\frac{4}{7}$ $3\frac{5}{6}-2\frac{1}{6}=1\frac{4}{6}$

$3\frac{5}{8}-1\frac{1}{8}=2\frac{4}{8}$ $5\frac{2}{3}-3\frac{1}{3}=2\frac{1}{3}$

$4\frac{8}{9}-2\frac{5}{9}=2\frac{3}{9}$ $4\frac{8}{11}-3\frac{5}{11}=1\frac{3}{11}$

$5\frac{9}{10}-4\frac{3}{10}=1\frac{6}{10}$ $3\frac{5}{7}-2\frac{2}{7}=1\frac{3}{7}$

$6\frac{4}{6}-3\frac{2}{6}=3\frac{2}{6}$ $5\frac{8}{12}-4\frac{4}{12}=1\frac{4}{12}$

$3\frac{3}{4}-2\frac{1}{4}=1\frac{2}{4}$ $6\frac{5}{7}-2\frac{1}{7}=4\frac{4}{7}$

$5\frac{4}{5}-2\frac{2}{5}=3\frac{2}{5}$ $4\frac{6}{9}-1\frac{2}{9}=3\frac{4}{9}$

30 정답 74쪽

31쪽

문제로 개념을 확인해요

표시하기

계산 결과가 주어진 수 사이에 속하는 뺄셈식에 ○표 하세요.

1과 2 사이	$4\frac{3}{4}-2\frac{1}{4}$	$2\frac{4}{5}-1\frac{3}{5}$ ○	$\frac{10}{7}-1\frac{1}{7}$	$1\frac{5}{6}-\frac{7}{6}$
2와 3 사이	$4\frac{8}{9}-\frac{10}{9}$	$3\frac{4}{5}-1\frac{3}{5}$ ○	$\frac{20}{7}-1\frac{1}{7}$	$4\frac{3}{4}-1\frac{1}{4}$
3과 4 사이	$4\frac{3}{4}-2\frac{2}{4}$	$3\frac{5}{6}-\frac{7}{6}$	$5\frac{4}{5}-2\frac{3}{5}$ ○	$\frac{15}{7}-1\frac{3}{7}$
4와 5 사이	$\frac{30}{7}-3\frac{1}{7}$	$5\frac{3}{4}-3\frac{1}{4}$	$4\frac{5}{6}-\frac{7}{6}$	$5\frac{4}{5}-1\frac{3}{5}$ ○
5와 6 사이	$6\frac{4}{5}-1\frac{3}{5}$ ○	$5\frac{5}{6}-\frac{7}{6}$	$6\frac{3}{4}-2\frac{1}{4}$	$\frac{40}{7}-\frac{1}{7}$

정답 74쪽 31

33쪽

문제로 개념을 확인해요

쓰기

그림을 보고 분수의 뺄셈을 하세요.

$3-\frac{2}{4}=2\frac{4}{4}-\frac{2}{4}=2+\frac{2}{4}=2\frac{2}{4}$

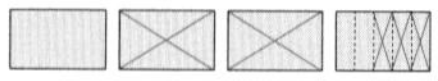

$4-2\frac{3}{5}=3\frac{5}{5}-2\frac{3}{5}=(3-2)+(\frac{5}{5}-\frac{3}{5})$

$=1+\frac{2}{5}=1\frac{2}{5}$

$5-3\frac{2}{8}=4\frac{8}{8}-3\frac{2}{8}=(4-3)+(\frac{8}{8}-\frac{2}{8})$

$=1+\frac{6}{8}=1\frac{6}{8}$

정답 74쪽 33

34쪽

문제로 개념을 확인해요

쓰기

수직선을 이용하여 대분수의 차를 구하세요.

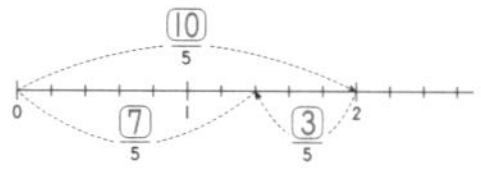

$2-\frac{3}{5}=\frac{10}{5}-\frac{3}{5}=\frac{10-3}{5}=\frac{7}{5}=1\frac{2}{5}$

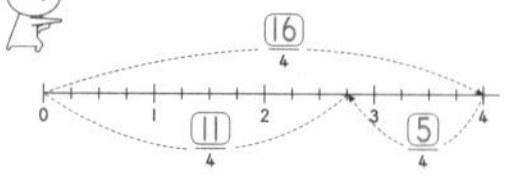

$4-1\frac{1}{4}=\frac{16}{4}-\frac{5}{4}=\frac{16-5}{4}=\frac{11}{4}=2\frac{3}{4}$

34 정답 74쪽

35쪽

문제로 개념을 확인해요

쓰기

□ 안에 알맞은 수를 써넣으세요.

2는 $\frac{1}{4}$이 8 개, $\frac{3}{4}$은 $\frac{1}{4}$이 3 개이므로
$2-\frac{3}{4}$은 $\frac{1}{4}$이 모두 5 개입니다.
→ $2-\frac{3}{4}=\frac{8-3}{4}=\frac{5}{4}=1\frac{1}{4}$

3은 $\frac{1}{3}$이 9 개, $1\frac{2}{3}$는 $\frac{1}{3}$이 5 개이므로
$3-1\frac{2}{3}$는 $\frac{1}{3}$이 모두 4 개입니다.
→ $3-1\frac{2}{3}=\frac{9-5}{3}=\frac{4}{3}=1\frac{1}{3}$

4는 $\frac{1}{5}$이 20 개, $2\frac{3}{5}$은 $\frac{1}{5}$이 13 개이므로
$4-2\frac{3}{5}$은 $\frac{1}{5}$이 모두 7 개입니다.
→ $4-2\frac{3}{5}=\frac{20-13}{5}=\frac{7}{5}=1\frac{2}{5}$

정답 74쪽 35

36쪽

문제로 개념을 확인해요

계산하기

분수의 뺄셈을 하세요.

$4-\frac{3}{7}=3\frac{4}{7}$ $3-\frac{4}{6}=2\frac{2}{6}$

$3-\frac{1}{8}=2\frac{7}{8}$ $5-\frac{2}{3}=4\frac{1}{3}$

$4-2\frac{6}{9}=1\frac{3}{9}$ $4-3\frac{4}{11}=\frac{7}{11}$

$5-4\frac{2}{10}=\frac{8}{10}$ $3-2\frac{5}{7}=\frac{2}{7}$

$6-3\frac{5}{6}=2\frac{1}{6}$ $5-4\frac{7}{12}=\frac{5}{12}$

$3-2\frac{3}{4}=\frac{1}{4}$ $5-2\frac{1}{7}=2\frac{6}{7}$

$5-2\frac{2}{5}=2\frac{3}{5}$ $7-1\frac{5}{9}=5\frac{4}{9}$

36 정답 74쪽

37쪽

문제로 개념을 확인해요

표시하기

계산 결과가 주어진 수 사이에 속하는 뺄셈식에 ○표 하세요.

1과 2 사이	$5-2\frac{1}{4}$	$2-\frac{3}{5}$ ○	$2-1\frac{1}{7}$	$1-\frac{5}{6}$
2와 3 사이	$3-\frac{2}{6}$ ○	$4-2\frac{1}{4}$	$3-2\frac{2}{5}$	$6-1\frac{5}{7}$
3과 4 사이	$5-\frac{3}{6}$	$3-1\frac{2}{7}$	$6-2\frac{2}{4}$ ○	$2-\frac{4}{5}$
4와 5 사이	$5-1\frac{1}{7}$	$6-\frac{5}{6}$	$4-\frac{3}{5}$	$6-1\frac{1}{4}$ ○
5와 6 사이	$5-\frac{5}{6}$	$7-1\frac{1}{7}$ ○	$6-2\frac{3}{4}$	$5-\frac{2}{5}$

정답 74쪽 37

39쪽

문제로 개념을 확인해요

쓰기

수직선을 보고 소수의 덧셈을 하세요.

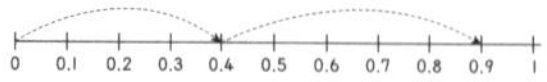

0.4 + 0.5 = 0.9

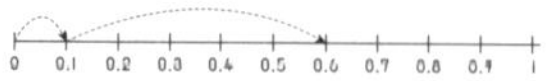

0.1 + 0.5 = 0.6

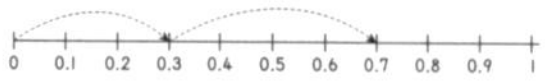

0.3 + 0.4 = 0.7

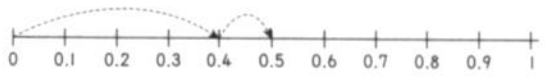

0.4 + 0.1 = 0.5

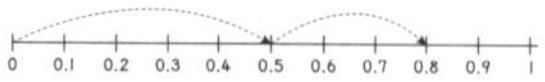

0.5 + 0.3 = 0.8

정답 74쪽 39

40쪽

문제로 개념을 확인해요

쓰기

□ 안에 알맞은 수를 써넣으세요.

0.6은 0.1이 6 개, 1.2는 0.1이 12 개입니다.
0.6+1.2는 0.1이 모두 18 개이므로 1.8 입니다.

0.9는 0.1이 9 개, 1.6은 0.1이 16 개입니다.
0.9+1.6은 0.1이 모두 25 개이므로 2.5 입니다.

0.7은 0.1이 7 개, 1.5는 0.1이 15 개입니다.
0.7+1.5는 0.1이 모두 22 개이므로 2.2 입니다.

1.7은 0.1이 17 개, 1.9는 0.1이 19 개입니다.
1.7+1.9는 0.1이 모두 36 개이므로 3.6 입니다.

40 정답 74쪽

41쪽

문제로 개념을 확인해요

계산하기 소수의 덧셈을 하세요.

0.8 + 0.9 = 1.7	1.1 + 0.3 = 1.4	
0.2 + 1.4 = 1.6	2.3 + 0.3 = 2.6	1.2 + 0.7 = 1.9
3.2 + 1.9 = 5.1	2.5 + 0.6 = 3.1	4.4 + 1.8 = 6.2
2.5 + 2.7 = 5.2	4.6 + 2.5 = 7.1	1.8 + 3.3 = 5.1

같은 자리 숫자끼리 더하여 합이 10이거나 10보다 큰 경우 윗자리로 1을 받아올림해.

정답 75쪽 41

42쪽

문제로 개념을 확인해요

쓰기 계산 결과를 비교하여 ○ 안에 >, =, <를 알맞게 써넣으세요.

1.2+0.3	=	0.8+0.7
2.1+0.3	>	1.1+0.1
3.1+0.9	>	1.2+1.8
2.7+0.5	<	4.2+3.3
0.6+2.8	=	1.9+1.5
2.3+3.1	>	1.9+1.8
2.5+2.8	>	1.9+2.4
4.2+0.5	<	3.5+2.4

42 정답 75쪽

43쪽

문제로 개념을 확인해요

선 잇기 같은 수끼리 선으로 이어 보세요.

0.8+1.9	2.7
1.1+2.8	3.9
2.2+3.7	5.9
4.1+2.6	6.7
0.2+1.8	2
3.3+4.7	8

정답 75쪽 43

45쪽

문제로 개념을 확인해요

쓰기 수직선에 나타내어 소수의 덧셈을 하세요.

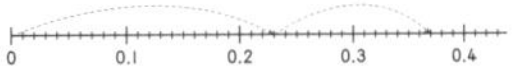

0.23+0.14= 0.37

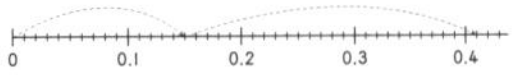

0.15+0.26= 0.41

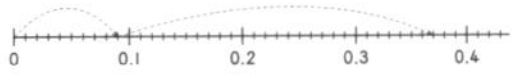

0.09+0.28= 0.37

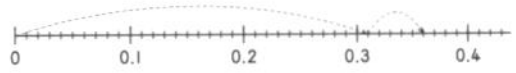

0.31+0.05= 0.36

정답 75쪽 45

46쪽

문제로 개념을 확인해요

계산하기 소수의 덧셈을 하세요.

1.82 + 2.17 = 3.99	3.28 + 1.06 = 4.34	5.39 + 2.25 = 7.64
6.45 + 1.31 = 7.76	5.38 + 3.64 = 9.02	2.84 + 5.39 = 8.23
20.82 + 3.03 = 23.85	12.05 + 3.37 = 15.42	16.39 + 6.54 = 22.93
18.85 + 5.16 = 24.01	21.98 + 6.17 = 28.15	17.26 + 6.17 = 23.43

46 정답 75쪽

47쪽

문제로 개념을 확인해요

쓰기 설명하는 수가 얼마인지 구하세요.

0.24보다 1.28 큰 수 → 1.52

설명하는 수를 수식으로 나타내어 계산해.

1.43보다 0.87 큰 수 → 2.3

9.76보다 4.09 큰 수 → 13.85

10.28보다 9.08 큰 수 → 19.36

17.98보다 7.95 큰 수 → 25.93

21.76보다 4.57 큰 수 → 26.33

정답 75쪽 47

48쪽

문제로 개념을 확인해요

쓰기 계산 결과를 비교하여 ○ 안에 >, =, <를 알맞게 써넣으세요.

2.98+0.37	>	1.28+1.26
12.07+0.46	<	7.29+5.28
5.67+1.34	>	3.47+1.15
2.74+0.77	>	1.76+1.44
12.45+1.06	<	7.19+6.52
6.69+4.27	>	5.01+5.24
5.67+3.88	<	3.29+7.01

48 정답 75쪽

49쪽

문제로 개념을 확인해요

선 잇기 같은 수끼리 선으로 이어 보세요.

2.34+1.19	3.53
0.39+3.87	4.26
1.29+2.29	3.58
2.87+0.75	3.62
0.29+9.28	9.57
1.28+9.36	10.64

정답 75쪽 49

51쪽

문제로 개념을 확인해요

쓰기 수직선에 나타내어 소수의 뺄셈을 하세요.

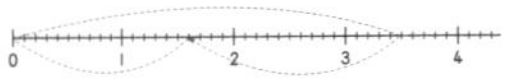

3.5−1.9= 1.6

2.8−1.6= 1.2

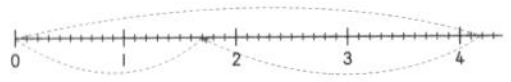

4.2−2.5= 1.7

3.1−1.2= 1.9

정답 75쪽 51

52쪽

문제로 개념을 확인해요

쓰기 □ 안에 알맞은 수를 써넣으세요.

3.2는 0.1이 32 개, 1.9는 0.1이 19 개입니다.
3.2−1.9는 0.1이 모두 13 개이므로 1.3 입니다.

5.3은 0.1이 53 개, 2.8은 0.1이 28 개입니다.
5.3−2.8은 0.1이 모두 25 개이므로 2.5 입니다.

4.8은 0.1이 48 개, 1.7은 0.1이 17 개입니다.
4.8−1.7은 0.1이 모두 31 개이므로 3.1 입니다.

6.5는 0.1이 65 개, 0.9는 0.1이 9 개입니다.
6.5−0.9는 0.1이 모두 56 개이므로 5.6 입니다.

52 정답 76쪽

53쪽

문제로 개념을 확인해요

계산하기 소수의 뺄셈을 하세요.

1.8 − 0.9 = 0.9	2.5 − 1.3 = 1.2	
2.2 − 1.5 = 0.7	3.1 − 1.5 = 1.6	5.6 − 3.1 = 2.5
4.5 − 2.7 = 1.8	6.5 − 1.2 = 5.3	8.9 − 5.7 = 3.2
6.1 − 3.4 = 2.7	3.2 − 2.3 = 0.9	7.6 − 4.8 = 2.8

같은 자리 수끼리 뺄 수 없을 때는 바로 윗자리에서 받아내려 계산해.

정답 76쪽 53

54쪽

문제로 개념을 확인해요

쓰기 계산 결과를 비교하여 ○ 안에 >, =, <를 알맞게 써넣으세요.

3.1−0.6 = 4.3−1.8
3.1−1.2 > 2.2−0.5
2.1−0.4 > 5.1−3.5
6.2−2.8 < 5.4−1.6
8.2−5.3 > 7.3−4.9
2.5−1.9 < 2.1−0.4
8.8−3.9 > 5.7−3.2
4.2−2.1 < 5.3−1.8

54 정답 76쪽

55쪽

문제로 개념을 확인해요

선 잇기 같은 수끼리 선으로 이어 보세요.

5.2−0.6 — 4.6
4.2−3.8 — 0.4
5.5−3.9 — 1.6
2.6−0.7 — 1.9
8.9−3.6 — 5.3
7.3−4.5 — 2.8

정답 76쪽 55

57쪽

문제로 개념을 확인해요

쓰기 □ 안에 알맞은 수를 써넣으세요.

6.43 − 4.75 → 8 → 68 → 1.68
7.32 − 2.56 → 6 → 76 → 4.76
9.51 − 5.64 → 7 → 87 → 3.87
5.24 − 4.57 → 7 → 67 → 0.67

정답 76쪽 57

58쪽

문제로 개념을 확인해요

계산하기 소수의 뺄셈을 하세요.

5.85 − 3.23 = 2.62	4.37 − 2.05 = 2.32	3.59 − 1.36 = 2.23
2.72 − 1.54 = 1.18	6.21 − 3.32 = 2.89	5.74 − 2.42 = 3.32
10.88 − 9.01 = 1.87	21.05 − 7.26 = 13.79	14.89 − 8.44 = 6.45
16.83 − 8.19 = 8.64	25.34 − 9.36 = 15.98	19.85 − 8.53 = 11.32

58 정답 76쪽

59쪽

문제로 개념을 확인해요

쓰기 설명하는 수가 얼마인지 구하세요.

3.56보다 1.29 작은 수 → 2.27
5.98보다 2.08 작은 수 → 3.9
4.43보다 2.96 작은 수 → 1.47
10.86보다 8.29 작은 수 → 2.57
12.48보다 4.39 작은 수 → 8.09
20.26보다 9.85 작은 수 → 10.41

설명하는 수를 수식으로 나타내어 계산해.

정답 76쪽 59

60쪽

문제로 개념을 확인해요

쓰기 계산 결과를 비교하여 ○ 안에 >, =, <를 알맞게 써넣으세요.

2.19−0.46 > 3.28−1.76
4.29−2.17 > 5.04−3.25
0.37−0.16 < 1.67−1.08
2.56−1.65 > 3.48−2.76
5.63−3.29 > 6.39−4.58
5.31−2.38 < 6.62−3.26
4.33−1.38 < 5.24−2.19
6.05−4.14 < 7.25−5.13

60 정답 76쪽

61쪽

문제로 개념을 확인해요

선 잇기 같은 수끼리 선으로 이어 보세요.

3.01−1.92 — 1.09
8.42−4.65 — 3.77
5.16−2.45 — 2.71
4.21−3.26 — 0.95
6.74−3.22 — 3.52
4.19−3.84 — 0.35

정답 76쪽 61

62쪽

10 그림과 글로 배워요

1 분모가 7인 진분수가 2개 있습니다. 합이 $\frac{6}{7}$, 차가 $\frac{2}{7}$인 두 진분수를 구해 보세요.

분모가 7인 진분수는 $\frac{■}{7}$ 모양의 분수입니다.
구해야 하는 분수를 $\frac{㉠}{7}$, $\frac{㉡}{7}$라고 해 볼까요?

분모가 같은 진분수의 덧셈과 뺄셈은
분모는 그대로 두고
분자의 덧셈과 뺄셈으로 구할 수 있습니다.

$\frac{㉠}{7}+\frac{㉡}{7}=\frac{6}{7}$ → ㉠+㉡= 6

$\frac{㉠}{7}-\frac{㉡}{7}=\frac{2}{7}$ → ㉠−㉡= 2

합이 6, 차가 2인 두 수를 구하면 ㉠= 4 , ㉡= 2 입니다.

분모가 7인 두 진분수는 $\frac{4}{7}$, $\frac{2}{7}$ 입니다.

62 정답 77쪽

63쪽

2 소수 두 자리 수의 덧셈식에 잉크가 묻어 일부분이 보이지 않습니다. ㉠, ㉡, ㉢에 알맞은 숫자를 구해 보세요.

```
  ㉠.8 2
+ 1.㉡ 4
  4.2 ㉢
```

소수 둘째 자리의 덧셈을 합니다.

```
  ㉠ . 8 2
+ 1 . ㉡ 4
  4 . 2 ㉢
```

㉢=2+4= 6

소수 첫째 자리의 덧셈을 합니다.

```
  ㉠ . 8 2
+ 1 . ㉡ 4
  4 . 2 ㉢
```

8+㉡=12
→ ㉡= 4

8과 더해서 2가 되려면 10보다 큰 수가 나와야 해!

일의 자리의 덧셈을 합니다.

소수 첫째 자리에서 받아올린 수를 잊으면 안 돼!

```
  ㉠ . 8 2
+ 1 . ㉡ 4
  4 . 2 ㉢
```

1+㉠+1=4
→ ㉠= 2

㉠, ㉡, ㉢에 맞는 숫자는 ㉠= 2 , ㉡= 4 , ㉢= 6 입니다.

정답 77쪽 63

64쪽

3 ⊙에 들어갈 수 있는 수를 모두 써 보세요. (⊙는 자연수입니다.)

$\frac{2}{6}+\frac{⊙}{6}<1\frac{1}{6}$

조건 대분수를 가분수로 나타내면 $1\frac{1}{6}=\frac{7}{6}$ 입니다.

풀이 주어진 조건을 다시 나타내면

$\frac{2}{6}+\frac{⊙}{6}=\frac{2+⊙}{6}<\frac{7}{6}$ → 2+⊙< 7 → ⊙< 5

답 ⊙에 들어갈 수 있는 수는 1, 2, 3, 4 입니다.

4 대분수로만 만들어진 다음 뺄셈식에서 ★+▲가 가장 클 때의 값을 구해 보세요.

$3\frac{★}{4}-2\frac{▲}{4}=1\frac{1}{4}$

조건 분모가 같은 대분수의 뺄셈은 자연수와 진분수 부분으로 나누어 계산하면 됩니다.

풀이 $3\frac{★}{4}-2\frac{▲}{4}=(3-2)+(\frac{★}{4}-\frac{▲}{4})=$ 1 $+\frac{★-▲}{4}=1\frac{1}{4}$ → ★−▲= 1

★, ▲는 분모가 4인 분수의 분자이므로 4보다 작습니다.

답 ★+▲가 가장 클 때의 값은 5 입니다.

64 정답 77쪽

65쪽

5 지호와 민주가 생각하는 소수 한 자리 수의 합을 구해보세요.

지호: 내가 생각하는 소수는 0.1이 24개 있어.
민주: 내가 생각하는 소수는 일의 자리 숫자가 4이고, 소수 첫째 자리 숫자가 5인 수야.

조건 0.1이 24개인 수: 2 . 4
일의 자리 숫자가 4이고, 소수 첫째 자리 숫자가 5인 수: 4 . 5

풀이 두 소수의 합을 구하면 2 . 4 + 4 . 5 = 6 . 9 입니다.

답 지호와 민주가 생각하는 소수 한 자리 수의 합은 6.9 입니다.

6 카드를 한 번씩 모두 사용하여 소수 두 자리 수를 만들려고 합니다. 만들 수 있는 가장 큰 수와 가장 작은 수의 차를 구하세요.

3 5 8 .

조건 카드를 모두 사용하여 소수 두 자리 수를 만들면 자연수 부분은 한 자리 수입니다.

풀이 가장 큰 소수 두 자리 수: 8 . 5 3
가장 작은 소수 두 자리 수: 3 . 5 8
두 수의 차를 구하면 8 . 5 3 − 3 . 5 8
= 4 . 9 5 입니다.

답 만들 수 있는 가장 큰 수와 가장 작은 수의 차는 4.95 입니다.

정답 77쪽 65

66쪽

11 마무리 평가

분수의 계산을 하세요.

❶ $\frac{2}{3}+\frac{1}{3}=1$ ❷ $\frac{1}{5}+\frac{2}{5}=\frac{3}{5}$ ❸ $\frac{2}{4}+\frac{1}{4}=\frac{3}{4}$

❹ $2\frac{3}{8}+1\frac{2}{8}=3\frac{5}{8}$ ❺ $3\frac{1}{3}+2\frac{1}{3}=5\frac{2}{3}$ ❻ $3\frac{3}{9}+4\frac{5}{9}=7\frac{8}{9}$

❼ $\frac{5}{7}-\frac{1}{7}=\frac{4}{7}$ ❽ $\frac{7}{8}-\frac{2}{8}=\frac{5}{8}$ ❾ $\frac{9}{10}-\frac{5}{10}=\frac{4}{10}$

❿ $5\frac{3}{4}-2\frac{1}{4}=3\frac{2}{4}$ ⓫ $4\frac{6}{7}-2\frac{1}{7}=2\frac{5}{7}$ ⓬ $3\frac{4}{5}-1\frac{2}{5}=2\frac{2}{5}$

⓭ $3-1\frac{3}{4}=1\frac{1}{4}$ ⓮ $5-2\frac{3}{7}=2\frac{4}{7}$ ⓯ $7-4\frac{3}{9}=2\frac{6}{9}$

66 정답 77쪽

67쪽

표준 시간 20분 맞힌 개수 개

소수의 계산을 하세요.

⓰ 4.2 + 1.4 = 5.6
⓱ 8.2 + 1.2 = 9.4
⓲ 6.6 + 2.7 = 9.3
⓳ 3.25 + 1.41 = 4.66
⓴ 5.62 + 3.44 = 9.06
㉑ 3.84 + 3.24 = 7.08
㉒ 4.3 − 2.6 = 1.7
㉓ 6.5 − 1.1 = 5.4
㉔ 4.7 − 1.4 = 3.3
㉕ 13.23 − 8.19 = 5.04
㉖ 27.52 − 9.36 = 18.16
㉗ 17.48 − 8.21 = 9.27

정답 77쪽 67

수학 퍼즐 맛보기

논리 공간

생생한 그날 밤

파블로 피카토는 저녁 약속이 있어요.
그림들을 순서대로 배열하여 무슨 일이 일어났는지 알아보세요.

해답

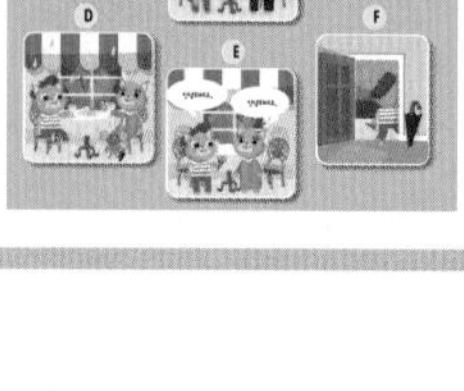

F, B, C, E, D, A

브레인알파「그림 퍼즐」교재 내용입니다.

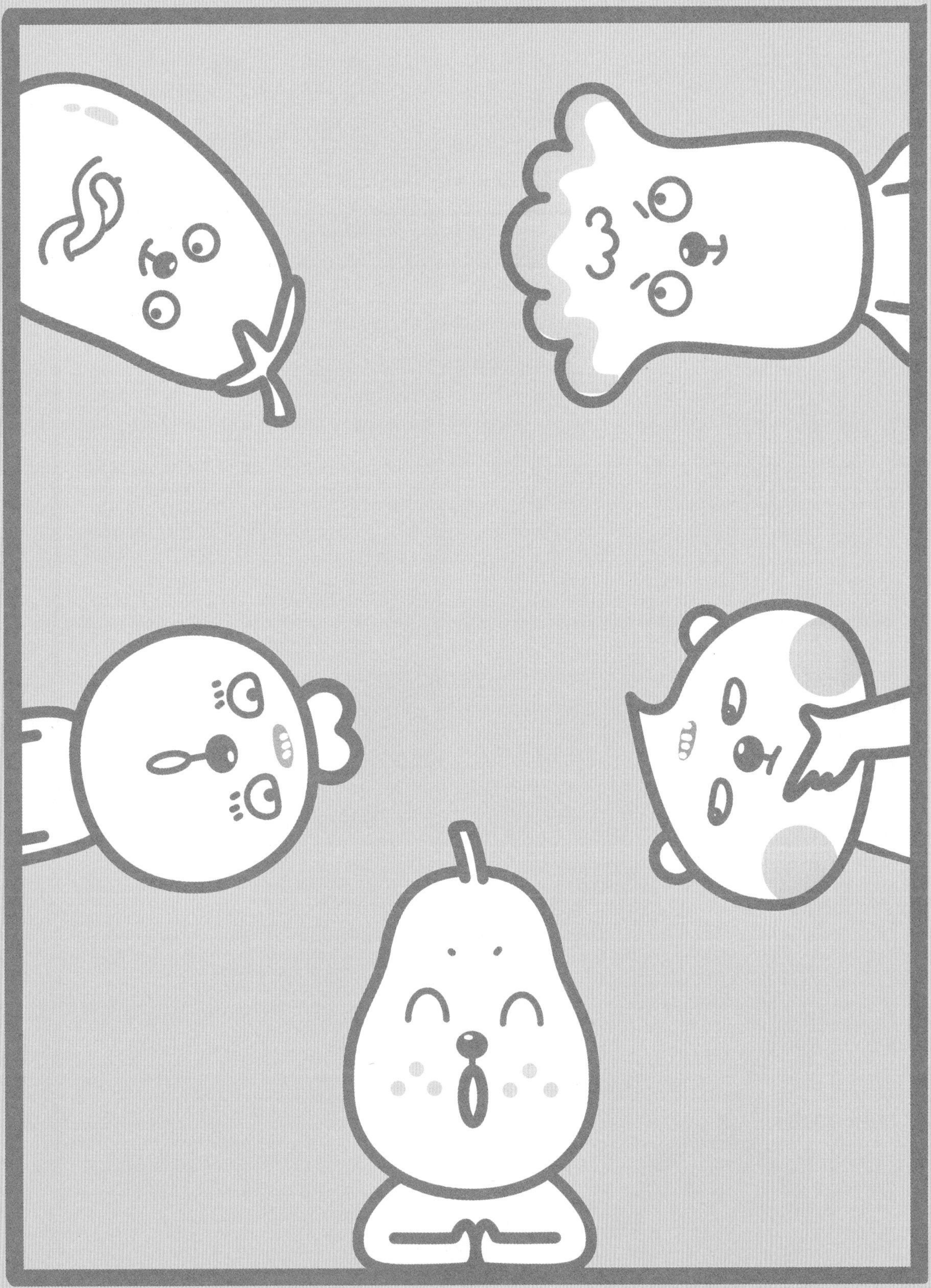

상장

이름 ____________

위 어린이는
4학년에게 꼭 필요한 분수와 소수를
스스로 열심히 마쳤습니다.

이에 칭찬하여 이 상장을 드립니다.

년　　　월　　　일